劇毒蕈菇排行榜

許多蕈菇一吃就會讓人瀕臨死亡邊緣！
要仔細記住它們的特徵，並且離它們遠一點！

火焰茸

堪稱最強劇毒蕈，1989 年後仍
造成多起死亡事故。

白毒鵝膏菌

一旦食用，就會出現類
似霍亂的症狀。

鹿花菌

毒中含有致癌物質。

毒鵝膏（鬼筆鵝膏）

食用過後數日，可能會
因內臟細胞被破壞而死
亡。

鱗柄白鵝膏

號稱「毀滅天使」，即使只吃一
支，如果沒有接受適當的治療，
亦有可能死亡。

MOVE大調查！

植物
新奇排行榜！

植物們擁有各種能力以及特徵。
在此先介紹幾個有趣的主題！

U0010283

種子尺寸排行榜

海椰子 約30cm

Mora oleifera 約18cm

椰子 約15cm

糖棕 約11cm

象牙西穀椰子 約11cm

假紅樹 約10cm

象牙西
穀椰子

假紅樹

糖棕

11cm

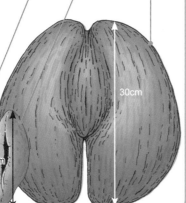
15cm　18cm　30cm

日本巨木排行榜

日本的巨木不論粗細尺寸與高度都相當驚人。
有機會的話，可以去看看本尊喔！

蒲生大樟樹（鹿耳島縣）　約30m×24.22m

來宮神社大樟樹（靜岡縣）　約20m×23.9m

北金澤大銀杏樹（青森縣）　約31m×22m

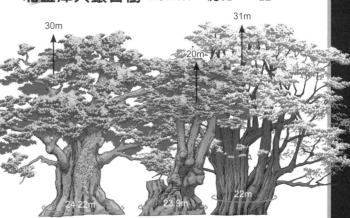

30m　　　　20m　　　　31m

24.22m　　　23.9m　　　22m

蒲生大樟樹　　來宮神社大樟樹　　北金澤大銀杏樹

自然百科
001

國立自然科學博物館
楊宗愈 審定

講談社の動く図鑑MOVE 植物

植物百科圖鑑

天野誠、斎木健一 **監修**　　張　萍 **譯**

晨星出版

目次

講談社的動圖鑑 MOVE **植物**

本書使用方法

本書依照植物生長培育的環境與季節,整理、介紹約 850 種日本常見的植物。

生長的環境與季節

將生長環境大致區分為「都市」、「景觀」、「田野」、「雜木林」、「山間」、「沉水‧挺水」、「海邊」,再分別介紹各個季節的植物。本書主要以開花的時間點來區分季節,如果是果實等較有特色的部分,則依結果實的時間點來區分。

顏色區分導覽

利用七種顏色區分植物生長環境。

趣味知識便利貼

附註一些有趣的小知識。

部位名稱

解說照片或是插圖上較具有特色的部分。

插圖解說

光看照片較難以理解的部分會使用插圖來解說。

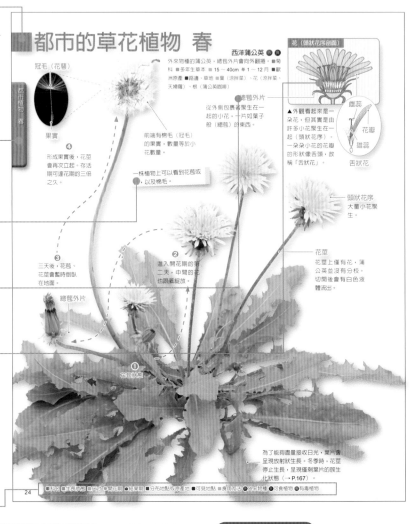

都市的草花植物 春

西洋蒲公英

外來物種的蒲公英,總苞外片會向外翻捲。■菊科 ■多年生草本 ◆ 15 ~ 40cm ❀ 1 ~ 12 月 ■歐洲原產 ■路邊、草地 ◉嫩葉(涼拌菜)、花(涼拌菜、天婦羅)、根(蒲公英咖啡)

花(頭狀花序剖面)

▲外觀看起來是一朵花,但其實是由許多小花聚生在一起(頭狀花序)。一朵朵小花的花庫的形狀像舌頭,故稱「舌狀花」。

雌蕊
花瓣
雄蕊
舌狀花

冠毛(花萼)

果實 ④
形成果實後,花莖會再次立起。存活期可達花期的三倍之久。

前端有棉毛(冠毛)的果實,數量等於小花數量。

一株植物上可以看到花苞或以及棉毛。

總苞外片
從外側包裹著聚生在一起的小花,一片如葉子般(總苞)的東西。

頭狀花序
大量小花聚生。

③ 三天後,花苞、花莖會暫時倒臥在地面。

② 進入開花期的第二天,中間的花也跟著綻放。

花莖
花莖上僅有花,蒲公英並沒有分枝。切斷後會有白色液體流出。

總苞外片

① 宿存萼瓣

為了能夠盡量接收日光,葉片會呈現放射狀生長。冬季時,花莖停止生長,呈現僅剩葉片的蓮生化狀態(→ P.167)。

24

■科名 ■生長狀態 ■尺寸 ❀開花期 ❀結果期 ■分布地點或原產地 ■可見地點 ◉食用方法 ◉可食植物 ●有毒植物

資料的判讀方法

■科名
採用「APG分類系統」(→P.6)

■分布地點或原生地
日本原生植物,標示為日本全國,外來物種則標示原產地(國家名)。

■可見地點
標示出該植物主要的生長地點。

❀開花期
主要標示日本關東地區的開花時期。

■生長狀態
草本植物可區分為「一年生草本植物」、「二年生草本植物」、「多年生草本植物」;樹木可區分為「落葉樹」、「常綠樹」、「半常綠樹」(→P.9)。
依樹木高低分類
1m以下:小灌木、1~5m:灌木
5~10m:小喬木、10m以上:喬木

■尺寸
草本類標示開花時期的高度;樹木類標示成木的高度。

❀結果期
主要標示日本關東地區的結果時期。

◎外來種
標示出從海外而來,並非原始生長於日本的植物。

●有毒植物
標示出有毒的植物。

■食用方法
記載主要的食用方法。

◉可食植物
標示為可食用的植物。

❀花色 標示出園藝物種的花色。

草本與樹木

在各個生長的地點與季節下,進一步區分為花草專頁與樹木專頁。

草本
原則上,地面上的莖部會在一年內枯萎。可以藉由種子、地下莖、球根等方式過冬,並藉此看出生長型態的不同之處(生長型態→P.9)。

樹木
可存活數年到數千年之久,地面上的莖部(樹幹)會年年增長、變硬,支撐著大型的地上植物體。芽會成為地上部位的莖部(樹枝)。

尺寸Check

為了方便讀者了解樹木的形狀與尺寸，本書將植物與人物（1.5m）剪影擺放在一起比對。落葉樹右半部以落葉的剪影來表示。

尺寸 Check	尺寸 Check
落葉樹	常綠樹

原始尺寸剪影

植物實際尺寸如果比書中照片來得小，還會在旁邊多放一個實際尺寸的剪影。

實際尺寸

小專欄

一些有趣的植物特徵以及想讓讀者更進一步認識的知識等，會藉由文字、照片或插圖詳細解說。

放大照片

刊載花或果實等的放大照片。

分辨方法解說

使用簡單易懂的插圖，解說相似植物的分辨方法。

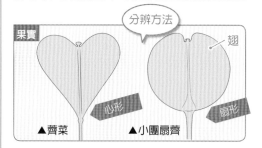

果實　　　　　分辨方法

▲薺菜　心形　　▲小團扇薺　扇形

山間樹木 夏

東石楠花 🔘
生長於東日本山地。前端會長出 5 朵、花瓣為粉紅色的花。葉子有毒。■杜鵑花科 ■常綠灌木 ■ 1～5m 🌸 5～6 月 🍎 9～10 月 ■本州 ■山地

牛皮杜鵑 🔘
會綻放淺黃色的花。葉子有毒。■杜鵑花科 ■落葉小灌木 ■ 10～100cm 🌸 6～7 月 🍎 9～10 月 ■北海道、本州 ■高山

毛漆樹 🔘
會密集生黃綠色的小花。樹液會讓人起斑疹。■漆樹科 ■落葉小喬木 ■ 2～6m 🌸 5～6 月 🍎 9～10 月 ■北海道～九州 ■山地、林道

🔬 **漆樹接觸性皮膚炎**

接觸到毛漆樹、漆樹等漆樹科植物所流出的樹液，皮膚可能會紅腫、搔癢。這是因為樹液中充滿著「漆酚」（Urishiol）這種毒素，而引發稱作「漆樹接觸性皮膚炎」的皮膚發炎症狀。症狀因人而異，也有完全沒碰到樹液，只是從旁經過就出現症狀的案例，必須特別注意。發生漆樹接觸性皮膚炎狀況時，請盡快前往皮膚科接受治療。

粉花繡線菊
一朵花由 5 片花瓣及花萼，很多根雄蕊以及 5 根雌蕊所組成。■薔薇科 ■落葉小灌木 ■ 0.5～1m 🌸 5～8 月 🍎 9～10 月 ■本州～九州 ■山地、岩場、公園、庭園

尺寸 Check
葉子摸起來不平滑。

花
▲雄蕊帶肩會撐開花瓣。

鬍脈榿葉樹 🔘
會著生很多白色花穗。花朵由 5 片花瓣、10 根雄蕊以及前端分成 3 個的雌蕊所組成。■山桂科 ■落葉小喬木 ■ 5～10m 🌸 6～8 月 🍎 9～11 月 ■北海道～九州 ■山地 ■新芽（涼拌菜）

樹皮剝落，側幹變得光滑。

180 ■科名 ■生長狀態 ■尺寸參照開花期 ■結果期 ■分布地點或原產地 ■可見地點 ■食用方法 ■外來物種 ■可食植物 ■有毒植物

植物分布

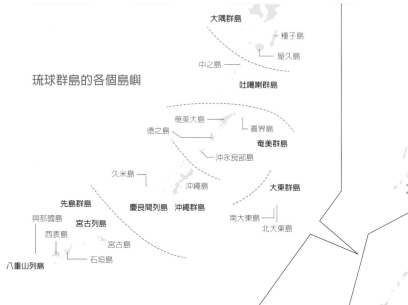

分布標示如下：
日本全國→包含整個日本。
本州～九州→
包含本州、四國、九州。
北海道～本州→
包含北海道、本州、四國、九州。
本州～琉球群島→
包含本州、四國、九州、琉球群島。

北海道

日本海

本州

太平洋

四國

九州

大隅群島
├ 種子島
└ 屋久島

中之島

琉球群島的各個島嶼

吐噶喇群島

奄美大島
├ 喜界島
德之島
奄美群島
└ 沖永良部島

久米島

沖繩島

大東群島

先島群島
慶良間列島　沖繩群島

與那國島
宮古列島
西表島
　　　宮古島
└ 石垣島
八重山列島

南大東島
└ 北大東島

琉球群島

植物分類方法

在此介紹本書中的植物分類方法。
看看自己認識的植物接近哪一種植物呢！

四大族群

植物從水中移居至陸面後，經年累月不斷地演化。我們可以將植物區分為苔蘚植物、蕨類植物、裸子植物以及被子植物等四大族群。

這種將植物分組的方式，稱作「分類」。而這種分類是從更細的「種」、「屬」、「科」、「目」、「綱」、「門」彙整而來。

四大族群的特徵

苔蘚植物與蕨類植物都是藉由孢子來繁殖；裸子植物與被子植物則是用種子來繁殖。因此，裸子植物與被子植物合稱「種子植物」。

苔蘚植物
藉由孢子繁殖。平常看到的苔蘚為配子體。由於沒有維管束（→ P.13），因此長不大。
配子體（雄株）
小金髮蘚
（→ P.145）

蕨類植物
藉由孢子繁殖。平常看到的蕨類植物為孢子體。具有維管束，所以會長得比苔蘚植物大。
孢子體
黑足鱗毛蕨
（→ P.132）

裸子植物
整個種子（胚珠）裸露在外。
裸露的胚珠
蘇鐵
（→ P.202）

被子植物
整個種子（胚珠）被葉子變態而成的子房包覆著。
被子房包覆著的種子。
小葉青岡
（→ P.163）

APG分類系統（僅有被子植物）

睡蓮科、蓴菜科 — 睡蓮目

五味子科 — 木蘭藤目

馬兜鈴科、三白草科 — 胡椒目

木蘭科 — 木蘭目

樟科、蠟梅科 — 樟目

金粟蘭科 — 金粟蘭目

鴨跖草科、雨久花科 — 鴨跖草目

美人蕉科 | 燈心草科、禾本科、香蒲科、莎草科 — 禾本目

棕櫚科 — 棕櫚目

鳶尾科、天門冬科、石蒜科、蘭科、阿福花科 — 天門冬目

黑藥花科、百合科、六出花科 | 秋水仙科、菝葜科、 — 百合目

— 露兜樹目

薯蕷科 — 薯蕷目

— 無葉蓮目

澤瀉科、水鱉科、眼子菜科、天南星科 — 澤瀉目

菖蒲科 — 菖蒲目

金魚藻科 — 金魚藻目

木通科、毛茛科、罌粟科、領春木科、小檗科 — 毛茛目

蓮科 | 清風藤科 — 山龍眼目

— 黃楊目

— 昆欄樹目

— 大葉草目

胡蘆科、秋海棠科 — 胡蘆目

樺木科、胡桃科、殼斗科、楊梅科 — 殼斗目

再過去即是裸子植物

6

被子植物的分類

以往會依被子植物的型態（子葉片數、花瓣形狀、雄蕊、雌蕊數量等）為基礎進行分類，日本方面主要採用「恩格勒分類系統」。然而，近年來採用依植物 DNA 核酸序列資訊為基礎，進行植物分組的「APG 分類系統」。

現在是…

恩格勒分類系統

依被子植物的型態來區分。

天香百合
（→ P.105）

單子葉植物
發芽時會發出一片小葉。葉脈會從葉基直線延伸到葉子前端。

雙子葉植物
兩片小葉。只會有一根葉脈從葉基延伸到葉子前端，葉脈分枝呈網狀。

西洋油菜
（→ P.30）
葉脈

離瓣花類
染井吉野櫻
（→ P.40）
每片花瓣皆分離。

合瓣花類
桔梗
（→ P.96）
花瓣合成一體，全部連成一片花瓣。

未來是…

APG分類系統

依被子植物的 DNA 序列為基礎進行分類。將「恩格勒分類系統」所整理的雙子葉植物區分為基部被子植物、單子葉植物、真雙子葉植物，並且各自區分成離瓣花類或合瓣花類。本書採用 APG 分類系統作為分類基礎。

植物的分類

種子植物

苔蘚植物　蕨類植物　裸子植物　被子植物

薔薇目：桑科、榆科、薔薇科

豆目：大麻科、蕁麻科、鼠李科、

衛矛目：豆科

酢漿草目：衛矛科

金虎尾目：酢漿草科

　大戟科、紅樹科、楊柳科

　金絲桃科、葉下珠科、菫菜科、

錦葵目：錦桑科、瑞香科

蒺藜目：十字花科

十字花目：漆樹科、棟科、芸香科、無患子科、苦木科

無患子目：旌節花科、省沽油科

桃金孃目：柳葉菜科、千屈菜科

虎耳草目：桃金孃科、虎耳草科、虎皮楠科

葡萄目：葵牛兒苗科

葵牛兒苗目：葡萄科

檀香目：連香樹科、扯根菜科、景天科、芍藥科

石竹目：番杏科、莧科、商陸科

山茱萸目：仙人掌科、馬齒莧科、蓼科、石竹科

　藍雪科、紫茉莉科、粟米草科、山柳科

　繡球花科、花蔥科、獼猴桃科、

杜鵑花目：灰木科、柿樹科、山柳科

　杜鵑花科、山茶科、鳳仙花科

　岩梅科、野茉莉科、柿樹科、五列木科、報春花科、

絲纓花目：絲纓花科

龍膽目：茜草科、夾竹桃科、龍膽科

唇形目：紫葳草科、透骨草科、列當科、木樨科

　母草科、車前草科、泡桐科、馬鞭草科、爵床科、唇形科、狸藻科、玄參科、

茄目：茄科、旋花科

紫草科：紫草科

冬青目：冬青科、青莢葉科

菊目：桔梗科、菊科、睡菜科

川續斷目：忍冬科、五福花科

繖形目：五加科、繖形科、海桐花科

基部被子植物　　單子葉植物　　真雙子葉植物

※ 在此僅列舉本書中會出現的被子植物科名。
※ 本書依APG III（2009年）之分類系統進行分類。

7

本書中的專業術語

在此介紹本圖鑑中會出現的專業術語，以及植物的基本結構。

花

頭狀花序

由許多小花聚生在一起，看起來像是一朵花。稱作「頭狀花序」。

蒲公英等
由被稱作「舌狀花」的小花聚生在一起。

西洋蒲公英
（→P.24）

黃鵪菜
（→P.25）

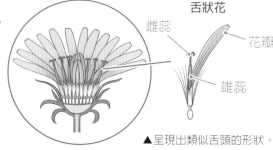

舌狀花
雌蕊
花瓣
雄蕊

▲西洋蒲公英的頭狀花序剖面。
▲呈現出類似舌頭的形狀。

歐洲千里光等
由被稱作「管狀花」的圓筒狀小花聚生在一起。

歐洲千里光
（→P.26）

蘇門白酒草
（→P.50）

白頂飛蓬等
舌狀花與管狀花聚生在一起。

白頂飛蓬
（→P.26）

 舌狀花
 管狀花

葉

單葉與複葉

葉子方面，有由一片葉身構成的「單葉」，以及由複數小葉所構成的「複葉」。複葉就像是把單葉的葉子分裂、演化而成的數片小葉。單葉會在葉子側邊發出新的腋芽，複葉則是由一片葉子分裂而成，並不會在小葉側邊發出腋芽。

單葉
腋芽
葉身
葉柄
單葉由一片葉身構成。

複葉
葉身分裂。
小葉
進一步分裂成小葉。

苞、總苞、佛焰苞

不論葉子如何變化，都會包裹住花的器官。可分為：只將一個花包裹起來的「苞」；將頭狀花序等小花包裹起來的「總苞」；將肥厚的穗狀花序包裹起來的「佛焰苞」。

苞

苞
打碗花（→ P.52）等。

總苞

總苞
複數苞匯集在一起（蒲公英等）。

佛焰苞

佛焰苞
大型總苞（水芭蕉等→ P.172）

莖

地下莖

位於地面下的莖。依形狀可分為根莖、塊莖、球莖、鱗莖等。

根莖
魚腥草
（→ P.61）等。

塊莖
馬鈴薯
（→ P.31）等。

葉的排列方式

互生、對生、輪生

植物葉子的排列方式是有規則性的。

互生
左右僅著生一片葉子。

對生
左右相對著生兩片葉子。

輪生
以輪狀方式著生三片以上的葉子。

植物的雄與雌

植物亦有雄雌之分。許多植物屬於「兩性花」，一朵花同時擁有雄蕊與雌蕊；有些植物的雄花與雌花會分開（單性花）；有些則是雄株與雌株分別著生於不同個體（株）（雌雄異株）。

雌雄同株
兩性花或是其中一株上有雄花與雌花。

兩性花
一朵花上同時有雄花與雌花（西洋油菜→ P.30）。

單性花
一朵花上只有雄花或是雌花（五葉木通→ P.165）。

雌雄異株
雄花與雌花分別著生在不同株植物上。

雄株
一株植物上僅有雄花（桃葉珊瑚）→ P.160）著生。

雌株
一株植物上僅有雌花（桃葉珊瑚）→ P.160）著生。

植物的生長型態

草本植物的生長週期

一年生草本植物
春季發芽，一年內開花，並在該年底前生成種子後枯萎。

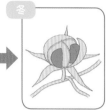

種子發芽 → 生長、開花。 → 種子生成。 → 以種子的姿態過冬。

二年生草本植物
秋季發芽，隔年開花、生成種子後，全株枯萎。

種子發芽、生長。 → 在不太生長的狀態下過冬。 → 生長、開花。 → 種子生成，全株枯萎。

多年生草本植物
地上部分枯萎後，生成種子，因為會在根部或是地下莖留下胚芽，隔年還會冒出新芽。可以從數年生存到數十年。

長綠多年生草本植物
地上部分一年四季都不會枯萎。

地上部分僅有草的狀態。 → 開花。 → 結果。 → 就在這樣的狀態下過冬。

宿根草 秋季～冬季時，地上部分會枯萎，僅留下地下莖。

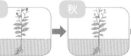

從地下莖等冒出新芽。 → 開花。 → 種子發出，地上部分枯萎。 → 利用地下莖等之類的方法過冬。

球根植物 春季開花的球根植物範例。夏季～秋季時，地上部分會枯萎，僅留下可以蓄積養分的球根。

種子發出，地上部分枯萎。 → 開花。 → 僅成為種子與球根。 → 從球根冒出新芽。

樹木的生長週期

落葉樹
天氣寒冷時難以進行光合作用，在進入乾燥的冬季前，葉子會掉光，預防水分從葉子蒸發。

光合作用進行旺盛。葉子增加。

葉子全部掉光，樹木部分會保護葉子，以冬芽的狀態度過寒冬。

常綠樹
健壯的葉子可以撐超過一年。即使進入冬季，葉子也幾乎不會掉落。

發出新葉，部分葉子掉落。光合作用進行旺盛。

雖然有部分葉子掉落，但是幾乎都還留著。會進行少量的光合作用。

植物的身體

植物體上，有著會朝太陽方向延伸的莖、色彩繽紛的花朵、蔥鬱的綠葉、深入地下的根等，扮演著各種角色的器官。依植物物種不同，形狀也各異，但是運作方式都是相同的。

花

留下後代子孫（→ P.11）

擁有雄蕊及雌蕊，是植物用來繁衍子孫的器官。可藉此吸引幫忙運送花粉的昆蟲們。

莖

支撐植物的身體（→ P.13）

支撐植物，將根所吸收到的水分與養分，運送至花與葉。

葉

製造糖分（→ P.12）

接收來自太陽的光線，製造出糖分（光合作用）、讓水分蒸發。

根

吸收水分與養分（→ P.13）

從土地中吸收培育植物所需的必要水分與養分。

花

留下後代子孫

花是由雄蕊、雌蕊、花瓣、花萼等構成。是植物為了留下子孫（種子），而從葉與莖演化而來的器官。

雌蕊
花朵中用來生成種子的器官。雌蕊的頂端（柱頭）沾到花粉，即可生成種子。

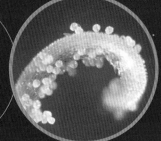

◀ 有許多花粉附著的蒲公英柱頭。

雄蕊
頂端會製造花粉，有一個可以用來儲存的袋狀物（花藥）。

▲ 蕪菁油菜的花粉。尺寸從 1000 分之 1mm 到 10 分之 1mm。可以藉由風或是動物等傳播。

花的剖面

▲ 沾滿花粉的蜜蜂。

花萼
在還是花苞時，守護著雌蕊與雄蕊。

花柱
連接柱頭與子房之間的柱狀部位。

子房
雌蕊基部膨脹的部位。花粉附著在柱頭時（授粉），子房就會形成果實，讓子房內的胚珠成為種子。

胚珠
種子的基礎。

授粉與受精

雄蕊的花粉附著在雌蕊的頂端（柱頭），稱作授粉。授粉後，花粉長出花粉管並延伸拉長，一路伸長到雌蕊基部的子房。直到花粉管抵達子房中的胚珠，就會進行受精，讓胚珠成為種子。

① 藉由昆蟲或是風運送花粉，進行授粉。

② 花粉管延伸拉長。

③ 延伸拉長的花粉管抵達胚珠，進行受精。

 **製造糖分**

接收到光後，就會進行光合作用，讓水與二氧化碳製造糖分（葡萄糖）。葉子呈現綠色，是因為細胞中有很多被稱作「葉綠體」的小粒子存在。

氣孔

兩兩相對的細胞會一開一闔，讓氧氣、二氧化碳、水分進出。

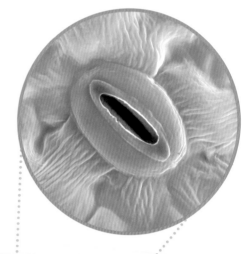

葉的剖面

葉子內部劃分出很多稱作「細胞」的小房間，細胞中有葉綠體。葉子背面有很多作為氧氣、二氧化碳、水分等出入口的「氣孔」。

葉的表皮

導管

運送由根部吸收的水分及養分通道。

篩管

運送葉子所製造出的糖分通道。

氣室（細胞間隙）

與動物不同，植物的細胞與細胞之間有一些間隙。

細胞

尺寸可從 1000 分之 1mm 到 10 分之 1mm。細胞中有各式各樣的器官，植物方面的特徵是有葉綠體、細胞壁、液泡。

細胞核

存放生物體的設計圖，也就是遺傳因子（DNA）。

葉綠體

用來進行光合作用的器官。一個細胞中會有很多個葉綠體。

液泡

儲存老廢物質及水分的器官。

細胞壁

堅固結實的牆壁，由動物所沒有的纖維素等建立。

光合作用架構

光合作用是以光、水、二氧化碳為基礎，製造出糖分（葡萄糖）。光合作用時所排出去的氧氣亦可用於植物或是其他生物呼吸。

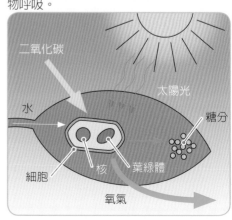

二氧化碳

太陽光

水

糖分

細胞

核

葉綠體

氧氣

莖　支撐植物的身體

莖可以用來支撐、預防植物傾倒。莖的內部具有大量用來運送水分與養分的管子（維管束）。

莖的剖面

有運送從根部吸收的水分與養分導管，以及運送由葉子製造出的糖分篩管通過。導管與篩管等組合在一起，稱作「維管束」。

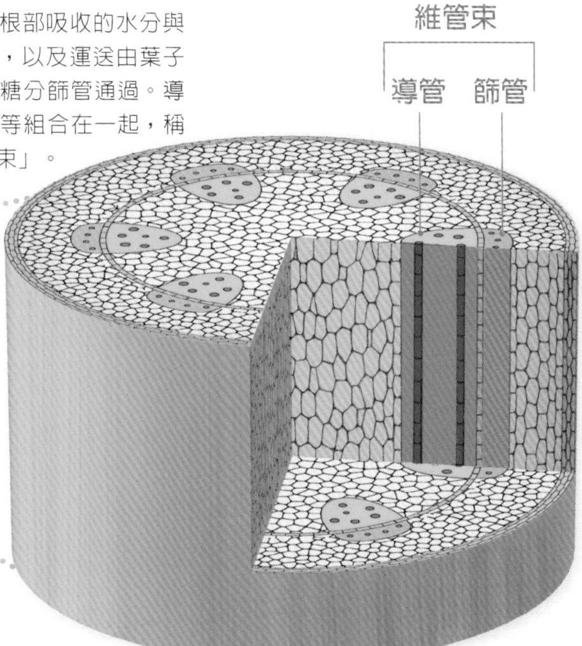

維管束
導管　篩管

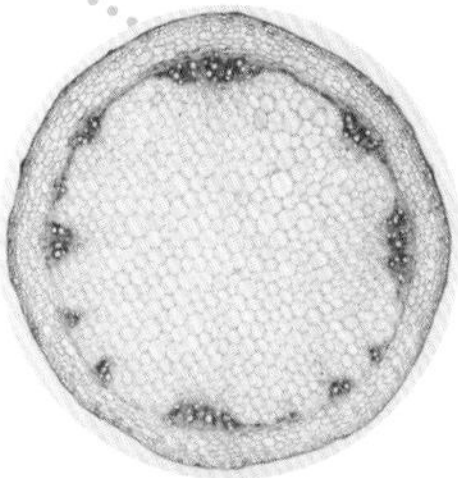

▶鳳仙花莖的剖面圖。在吸收紅色墨水後即可清楚看到維管束的位置。

花

葉

莖

▶鳳仙花。以正中央的莖為中心，著生許多葉子。

根

根　吸收水分與養分

延伸到地下，從土壤中吸收植物生長所必要的水分與養分。為了可以吸取到更多，根的表面上會長出細小的毛（根毛）。

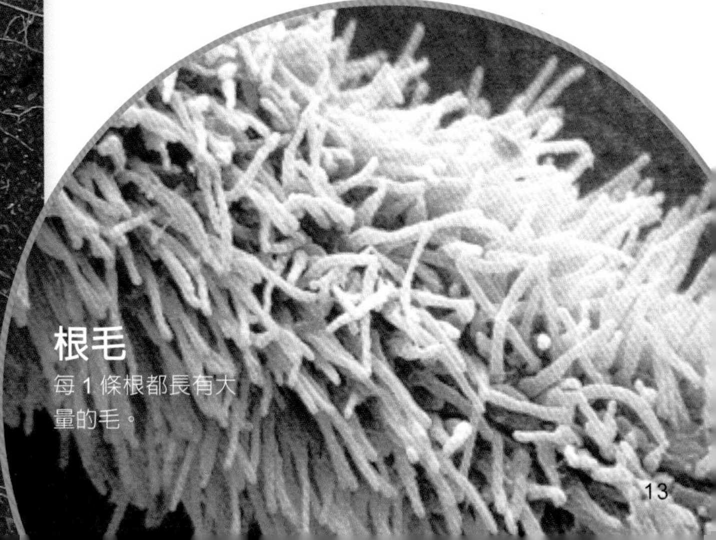

根毛

每 1 條根都長有大量的毛。

種子
植物的卵

授粉完成後，就會在子房內製造出種子。為了不斷繁衍出更多的子子孫孫，必須將種子運送到更廣大的範圍。於是就有直接滿溢掉落、沾黏在動物身上被運走、果實綻開彈跳、乘風運送等各式各樣傳送種子的方式出現。

蠅子草

種子製造出來的樣子。子房膨脹，整體乾枯後，種子就會從子房中滿溢、掉落。

花

子房

果實

（剖面圖）

種子

蒲公英果實上長有冠毛，
所以果實可以乘著風被運送出去。
種子位於果實內。

種子的結構

種子被堅硬的殼守護著。筆柿（→ P.81）的種子（有胚乳種子）中有用來儲存發芽所需養分的胚乳，以及發芽後最初長出的葉子（子葉）。另一方面，菜豆的種子（無胚乳種子）沒有胚乳，養分儲存在子葉內。

發芽的樣子（筆柿）

種子會先將根延伸到地下，之後長出子葉。子葉發出後，長出本葉、繼續生長。

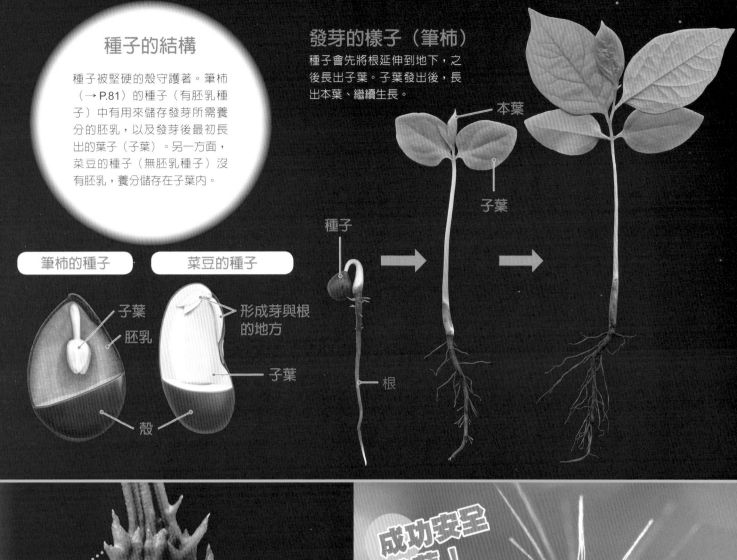

筆柿的種子

子葉
胚乳
殼

菜豆的種子

形成芽與根的地方
子葉
殼

本葉
子葉
種子
根

果實上有刺，是掉落時能夠勾住東西的密技。

▶成功安全地被運送到遠方，蒲公英種子發芽的樣子。

成功安全發芽！

植物的特技

有些植物的姿態真是令人感到不可思議。
在那些姿態下，又有著怎樣的生態背景呢？

包覆

細葉榕
被稱作「氣根」的根會
將附近的東西包覆住，
故又名「絞殺樹」。這
張照片是將泰國阿瑜陀
耶古城包裹住的細葉
榕。

吞食

捕蠅草（→P.198）
一種食蟲植物。雖然也會進行
光合作用，但是會將停留在葉
面上的昆蟲關進葉片後吞食，
以作為養分。

飛在空中

纏繞

爬牆虎 （→ P.151）
藉由附有吸盤的卷鬚，可以讓植物纏繞在樹木或是岩石上，並且不斷生長。

翅葫蘆
種子會像滑翔翼一般乘著風被運送出去。正中央可見的部分即是種子。

變成寶石

琥珀
樹的樹脂被埋在土壤中，經年累月後變硬而成為化石，就會被當作寶石、做成飾品等。有時候也會有昆蟲等被封閉在內。

變成石頭

石頭玉
孕育在岩石較多的沙漠地帶。據說因為姿態和地上的石頭非常相似，比較不容易被動物等吞食。

▲石頭玉會開出白色或是黃色等美麗的花朵。

17

世界上令人驚豔的植物

世界上有著許許多多擁有不可思議形狀、結構的植物。

猴麵包樹

是一種樹幹可粗達 10m 以上，高度達 20m 以上的巨木。粗樹幹中的組織內可以蘊藏大量的水分，即使長時間不降雨也不會枯萎。

義大利紅門蘭

生長在地中海的一種蘭花。獨特的花瓣形狀，很像是一個戴著帽子的人。

只有嘴巴的怪物

鞭寄生

生長在非洲南部的乾燥地帶。寄生在大戟科植物上，自己沒有葉綠體。平常生長在地面下，只有開花時會露出地面。會發出腐敗的氣味，吸引蒼蠅等昆蟲靠近，幫忙運送花粉。

長得很像人？

大王花的花苞，僅從地面露出花苞。

開花期僅 3 天。凋謝後，花就會像燒焦一樣變得全黑、枯萎。

大王花

生長在東南亞。寄生在葡萄科植物的根上，自己沒有葉綠體。花朵尺寸可達直徑 1m，會發出腐敗的氣味，吸引蒼蠅等昆蟲靠近，幫忙運送花粉。

塔黃

生長在高度 3500m 的喜馬拉雅高山。由於生長於寒冷、紫外線較多的地點，所以會利用半透明的特殊葉片打造出一個可以保溫、遮蔽紫外線的溫室，將花苞與花朵包覆在內。

掀開葉片後即可看到長有花的莖。

長得很像鴨子？

飛鴨蘭

澳洲蘭花的一種。乍看之下很像一隻鴨子，但其實是模仿雌蜂的姿態（擬態）。藉此吸引雄蜂前來運送花粉。

19

奇妙的姿態
〜菌類・變形菌類

在植物大量繁殖孕育的森林裡，往往會有新發現
（→ P.188）。
形狀奇妙、顏色繽紛。呈現著不可思議的樣貌。
「變形菌」亦稱作「黏菌」。

扭呀
扭呀

蟲會變成蕈菇！？

冬蟲夏草的寄生真菌。
這種蕈菇一但附著在昆蟲上，
就會進入昆蟲體內繁殖。
最後從昆蟲體內長出蕈菇，導致昆蟲
死亡（→ P.191）。

色彩繽紛的變形菌

變形菌不是植物，而是一種會緊鄰生存在大量繁殖植物土壤上的生物。有紅色、黃色、藍色等各種顏色與形狀。

生長在森林裡的珊瑚！？

雖然長得像珊瑚，但實際上卻是蕈菇。
會長在針葉樹的腐木。

不可思議的煙霧

呼哇～

網狀馬勃

一種可食用的蕈菇。
與種子扮演同樣角色的孢子成熟後，
頭頂的腔室會開啟，
將孢子釋放出去。

會發光的蕈菇

發光小菇

據說和螢火蟲的發光機制相同，
詳細情形尚不明朗，
似乎必須要有鈣離子才能發光。

都市植物 春

各種植物會在此時張開葉面、綻放花朵。
昆蟲吸取花蜜時會同時運送花粉、授粉。

●銀鱗茅
（→ P.34）

●豔紫杜鵑
（→ P.38）

●球序卷耳
（→ P.32）

黑紋粉蝶

●碎米薺
（→ P.29）

●瓜槌草
（→ P.32）

埋葬蟲

●染井吉野櫻
（→ P.40）

西方蜜蜂

白粉蝶

●歐洲千里光
（→ P.26）

●光果豬殃殃
（→ P.29）

斑緣點粉蝶

●早熟禾
（→ P.33）

●大扁雀麥
（→ P.33）

黑燕小灰蝶

●通泉草
（→ P.27）

●白三葉草
（→ P.30）

都市的草花植物 春

西洋蒲公英

外來物種的蒲公英，總苞外片會向外翻捲。◤菊科 ▣多年生草本 ▮ 15～40cm ✿ 1～12月 ▮歐洲原產 ▮路邊、草地 ▮葉（涼拌菜）、花（涼拌菜、天婦羅）、根（蒲公英咖啡）

冠毛（花萼）

果實

❹
形成果實後，花莖會再次立起。存活期可達花期的三倍之久。

前端有棉毛（冠毛）的果實，數量等於小花數量。

一株植物上可以看到花苞或花，以及棉毛。

總苞外片
從外側包裹著聚生在一起的小花，一片如葉子般（總苞）的東西。

花（頭狀花序剖面）

雌蕊
花瓣
雄蕊
舌狀花

▲外觀看起來是一朵花，但其實是由許多小花聚生在一起（頭狀花序）。一朵朵小花的花瓣其形狀像舌頭，故稱「舌狀花」。

頭狀花序
大量小花聚生。

花莖
花莖上僅有花，蒲公英並沒有分枝。切開後會有白色液體流出。

❸
三天後，花苞、花莖會暫時倒臥在地面。

總苞外片

❷
進入開花期的第二天，中間的花也跟著綻放。

❶
花苞狀態

為了能夠盡量接收日光，葉片會呈現放射狀生長。冬季時，花莖停止生長，呈現僅剩葉片的簇生化狀態（→ P.167）。

▢科名 ▢生長狀態 ▢尺寸 ✿開花期 ●結果期 ▮分布地點或原產地 ▮可見地點 ▮食用方法 ◉外來物種 ▮可食植物 ▮有毒植物

頭狀花序

前端尖銳。

葉子比花葉苦滇菜
更柔軟。

切開會有白色液
體流出。

觸碰不會覺得疼痛。

花

黃鶴菜 食
會綻放很多如迷你版蒲公英的小花，切開
莖會有白色液體流出。◙菊科 ■一～多年
生草本植物 ■ 20 ～ 60cm ❀ 4 ～ 9 月■日本
全國■路邊、草地■新芽（醬拌菜）

苦苣菜 食
切開莖會有白色液體流出，故
日本方面將其命名為芥子（罌
粟）。◙菊科 ■一～二年生草本
植物 ■ 30 ～ 100cm ❀ 1 ～ 12 月
■日本全國 ■路邊、草地
■葉・花（炒）

花葉苦滇菜 外
長得很像苦菜，但是葉緣的
尖刺明顯，觸碰會有刺痛感。
◙菊科 ■一～二年生草本植物
■ 30 ～ 80cm ❀ 1 ～ 11 月 ■
歐洲原產 ■路邊、荒野

🍃 蒲公英的辨別方法

一般常見有兩種蒲公英。也就是
一直以來生長在日本地區的蒲公英與
來自國外的蒲公英（西洋蒲公英等）。

從國外傳入日本的植物，稱作
「外來植物」。日本原生種的蒲公英
與西洋蒲公英的差異在於日本原生種
的僅在春季短暫綻放。所以其他季節
能夠看到的蒲公英幾乎都是西洋蒲公
英。

我們可以藉由總苞外片的生長方
式，分辨出日本蒲公英與西洋蒲公英。

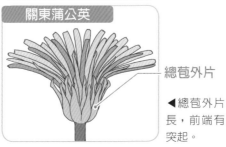

西洋蒲公英
總苞外片
◀總苞外片
向外翻捲。

關東蒲公英
總苞外片
◀總苞外片
長，前端有
突起。

信濃蒲公英
◀總苞外片短，
前端沒有突起。

關西蒲公英
◀總苞外片短，
前端沒有突起且
小。頭狀花序
小。

朝鮮蒲公英
◀花瓣為白色，
總苞外片長，前
端有突起。

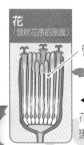

花
（頭狀花序的剖面）

管狀花

◀許多管狀花（筒形花）聚生在一起。

頭狀花序
大量小花（管狀花）聚生。

歐洲千里光 外 毒

整株皆有毒，適應力強，到處皆可生長。🌿菊科 ■一年生草本植物 ■ 5～40cm 🌸 1～12 月 ■歐洲原產 ■路邊、旱田

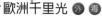
實際尺寸

明治初期來到日本，幾乎在整個日本擴散。

◀花朵混雜著棉毛一起綻放。

鼠麴草 食

春季七草（→ P.46）之一，又稱「御形」。■菊科 ■二年生草本植物 ■ 15～40cm 🌸 3～6 月 ■日本全國 ■路邊、草地、旱田 ■葉（青草糕點、七草粥）

頭狀花序

裡白鼠麴草 外

葉子表面雖然帶有光澤的深綠色，背面卻因為有白色氈毛覆蓋而看起來像白色。🌿菊科 ■一～二年生草本植物 ■ 30～60cm 🌸 4～7 月■南美洲原產■路邊、草地

白頂飛蓬 外 食

當初是為了觀賞用，才輸入日本。現在已經野生化。■菊科 ■多年生草本植物 ■ 30～60cm 🌸 4～8 月■北美洲原產 ■路邊、草地 ■葉・花（天婦羅）

▲從水泥隙縫生長出來的裡白鼠麴草。

沒有氈毛、有光澤（表面）。

花

舌狀花
管狀花

▲舌狀花與管狀花聚生在一起的頭狀花序。

■科名 ■生長狀態 ■尺寸 🌸開花期 🍂結果期 ■分布地點或原產地 ■可見地點 ■食用方法 外外來物種 食可食植物 毒有毒植物

阿拉伯婆婆納 外
一日花，傍晚時花瓣就會變硬、掉落。▣車前草科▣二年生草本植物 ▣ 5～40cm ✿ 2～4月▣歐洲原產▣路邊、草地、旱田

花梗（由花莖分枝而成的梗）較長。

實際尺寸

花

直立婆婆納 外
花莖直立，與阿拉伯婆婆納相似，會開出非常小的花。▣車前草科▣二年生草本植物 ▣ 10～40cm ✿ 4～6月▣歐洲原產▣路邊、荒野

通泉草
因花期長，日本方面將其命名為「常磐爆」。▣玄參科 ▣一年生草本植物 ▣ 5～20cm ✿ 4～10月▣日本全國▣路邊、旱田

🍃 會開闔的雌蕊前端

通泉草的柱頭（雌蕊前端），平常是開啟的。一旦沾有花粉的昆蟲觸碰到雌蕊前端，就會立即關閉。這樣一來，可以確實接收到昆蟲運送而來的花粉。

柱頭

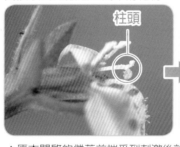

▲原本開啟的雌蕊前端受到刺激後就會關閉。

花

果實

勾在物品上的果實能夠被帶到很遠的地方發芽。

花

果實

小竊衣
在夏季形成的果實上有許多勾爪形的刺，能勾在衣服上。▣繖形科▣二年生草本植物 ▣ 30～70cm ✿ 5～7月 ▣日本全國 ▣路邊、草地

竊衣
比小竊衣的花期早，葉子分裂得較細。▣繖形科 ▣二年生草本植物 ▣ 30～70cm ✿ 4～5月 ▣本州～琉球群島 ▣路邊、草地

27

讓昆蟲幫忙運送花粉

有些植物物種必須將自己的花粉運送到其他個體的雌蕊，才得以繁衍子孫。

由於植物不能動，只能利用昆蟲，幫忙將花粉運送至遙遠的地方。

會聚集在花朵上的昆蟲們

花朵分泌出的花蜜與花粉是昆蟲的食物。因此，蝴蝶、花蜂、食蚜蠅等各種昆蟲為了吸取花蜜、收集花粉，就會在花與花之間盤旋飛舞。這時沾染在昆蟲身體上的花粉就會傳遞到其他花朵的雌蕊上，植物即可完成授粉的動作。

甲蟲

金龜子等甲蟲會把整個身體停在平坦的花朵上，慢慢地攝食花粉與花蜜。身體就會在攝食過程中，沾染上花粉。（照片：小青花金龜與白頂飛蓬）

蝶・蛾

蝶與蛾的嘴巴長得很像吸管，可以延伸出去作為吸取花蜜的工具。這時，為了讓蝶與蛾幫忙運送花粉，很多植物都會推出雄蕊與雌蕊，讓花蕊前端得以觸碰到蝴蝶的身體。（照片：綠帶翠鳳蝶與卷丹）

蒼蠅、食蚜蠅

蒼蠅與食蚜蠅會在花與花之間飛舞，舐舐花蜜與花粉。（照片：細扁食蚜蠅與白頂飛蓬）

花蜂

蜜蜂與木蜂等物種的蜂會聚集在花朵上，即使是筒狀花也能完美無礙地鑽入，採集花粉、花蜜後攜回蜂巢。（照片：木蜂與絲瓜的雄花）

紫雲英的祕技

紫雲英（→ P.90）的花，主要的芳客是蜜蜂。紫雲英的花蜜藏在花朵深處，蜜蜂為了吸取花蜜，必須鑽入花朵內部才行。當蜜蜂的身體壓在下方花瓣，想要潛入花朵深處時，紫雲英的雄蕊與雌蕊剛好會接觸到蜜蜂的腹部，這時蜜蜂就會沾染到花粉，即可與從其他花朵運來的花粉進行授粉動作。

正在拜訪紫雲英的西方蜜蜂。

▶紫雲英的花瓣張開後，會出現雄蕊與雌蕊，可以讓花粉直接觸碰到蜜蜂的腹部。

▲花朵呈現的紅色樣貌，是在告訴大家這裡有花蜜，也就是所謂的蜜標。

圓齒野芝麻 外
彷彿像是一棵小耶誕樹，上方的葉子是紅色的。◪唇形科 ◪二年生草本植物 ◪ 10～25cm ✿ 3～5月 ◪歐洲原產◪路邊、草地、旱田

附地菜的花非常小，直徑約 2～3mm。

附地菜
揉捏葉片會飄散出類似小黃瓜的香氣。◪紫草科◪二年生草本植物◪ 5～30cm ✿ 3～5月◪日本全國◪路邊、草地

光果豬殃殃
莖與葉上皆有無數的小刺，雖然摸起來不會疼痛，但會覺得粗澀不光滑。◪茜草科 ◪一～二年生草本植物 ◪ 30～90cm ✿ 4～6月 ◪日本全國◪路邊、草地、河岸

寶蓋草
將葉片樣子比喻成佛的座台。◪唇形科 ◪二年生草本植物 ◪ 10～30cm ✿ 2～5月◪本州～琉球群島◪路邊、草地、旱田

實際尺寸

花長在葉的基部上

葉子分段生長。

葉的基部包裹住莖。

碎米薺 外 食
以都市為據點，快速繁殖的外來物種，果實前端會比花延伸得更出去。◪十字花科 ◪二年生草本植物 ◪ 5～25cm ✿ 2～4月 ◪歐洲原產 ◪路邊、旱田◪新芽（涼拌菜、湯配料、天婦羅）

還有紫花菜、二月蘭等其他別名。

諸葛菜 外
江戶時代為了觀賞用而進口，會綻放出長得像油菜花的紫色花朵。◪十字花科 ◪一～二年生草本植物 ◪ 20～50cm ✿ 4～5月 ◪中國原產◪路邊、草地

◪科名 ◪生長狀態 ◪尺寸 ✿開花期 ◖結果期 ◪分布地點或原產地 ◪可見地點 ◪食用方法 外外來物種 食可食植物 毒有毒植物

西洋油菜 外 食
可從種子中萃取出菜籽油。■十字花
科 ■一～二年生草本植物 ■50～
120cm ❀3～4月■歐洲原產■路邊、
堤防■葉・花苞（涼拌菜、醬拌菜）

薺菜 食
春季七草之一，果實呈現心形。■十
字花科 ■二年生草本植物 ■10～
50cm ❀3～6月■日本全國■路邊、旱
田■嫩苗（七草粥、醬拌菜、天婦羅）

分辨方法

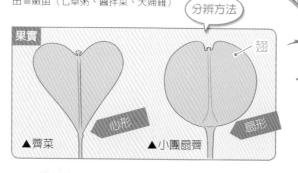

果實

翅

心形

▲薺菜

扇形

▲小團扇薺

葉細長，前端
尖銳。

**小團扇薺
（北美獨行菜）** 外
果實邊緣有翅膀，
形狀類似小型的軍
配團扇。■十字花科
■一～二年生草本植
物 ■20～50cm ❀
5～6月■北美洲原
產■路邊、荒野

花序
大量小花聚生。

◀開出紅色花朵
的紅三葉草（又
稱紅苜蓿草）。
花的正下方即是
葉子。

白三葉草 外
大多生長於日照良好處，又稱「白花苜蓿」。■豆
科■多年生匍匐性草本植物■10～30cm ❀4～8月
■歐洲原產 ■草地、荒野、堤防

花梗
僅與花連
接的梗。

葉 由三片小葉與
葉柄構成。

葉柄
連接葉與莖
的柄。

小葉

莖

🍃獲金氏紀錄的白三葉草（白花苜蓿）

　　傳說找到四片葉子的白三葉草就會得到幸福。
然而，白三葉草中其實還可能出現五片、八片，甚
至更多的小葉。一般由三片小葉組成一片葉子的白
三葉草，被認為是受到環
境或是基因的影響。目前
為止已發現高達五十六片
小葉聚生成的白三葉草，
並受到金氏紀錄認定。

▶受到金氏紀錄認
定的白三葉草。

■科名 ■生長狀態 ■尺寸 ❀開花期 ●結果期 ■分布地點或原產地 ■可見地點 ■食用方法 外外來物種 食可食植物 毒有毒植物

珠芽

▲「珠芽（繁殖體）」
附著在葉子基部，掉落
到地面後，就會長出新
的芽。

珠芽景天

冬季也不會枯萎，又名「萬年草」。

■景天科 ■多年生草本植物 ■6～
20cm ✿5～6月 ■本州～琉球群島
■路邊、水田

葉子呈竹片形。

會使用分身術的植物

　　植物會在花粉附著到雌蕊、與內部的卵
受精後，製造出種子（有性生殖）。植物通常
會藉由種子來繁衍子孫，但是其中也有不用生
成種子即可繁衍子孫的植物。這時植物母體的
一部分會分化成新的植物，子體是與母體擁有
相同遺傳因子的分身（clone）。這種繁衍子
孫的方法稱作「營養生殖」。

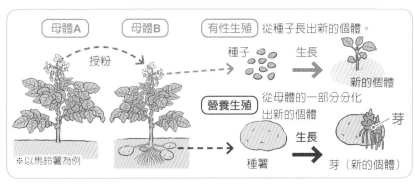

母體A　　母體B　　有性生殖 從種子長出新的個體。

授粉　　　　　種子　生長　　新的個體

營養生殖 從母體的一部分分化
出新的個體

※以馬鈴薯為例　　種薯　生長　芽（新的個體）

植物的分身術

由葉或莖的一部分製
造出自己的分身。

落地生根（綴弁慶）

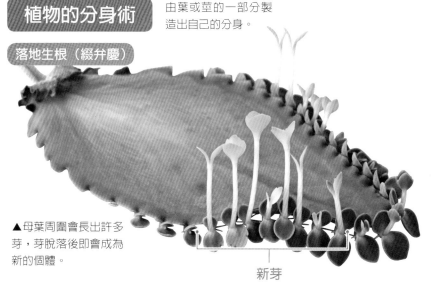

▲母葉周圍會長出許多
芽，芽脫落後即會成為
新的個體。

新芽

馬鈴薯

新芽

◀種薯（地底
下的莖長大
〔塊莖〕）後，
發芽成為新個
體。

瓜槌草

可以生長在道路裂縫或是磁磚縫隙間的小型草。■石竹科■一～二年生草本植物■ 5 ～ 20cm ✲ 4 ～ 7 月■日本全國■路邊

球序卷耳

葉子呈圓形，兩兩對生，由於細毛較厚，質地摸起來柔軟。

■石竹科■二年生草本植物■ 10 ～ 60cm ✲ 4 ～ 5 月■歐洲原產■路邊、旱田

5 片花瓣分裂得很深，看起來像是 10 片花瓣。

和大凌風草（→ P.34）的生長地點一樣。

整體是柔軟的。

莖帶有暗紫色。

花
喜泉卷耳的花瓣會向內稍微分裂

喜泉卷耳

數量正在減少的草類，都市裡已經完全看不到。■石竹科 ■多年生草本植物■ 10 ～ 40cm ✲ 4 ～ 5 月■日本全國■堤防、草地

葉子兩兩對生。

實際尺寸

花瓣沒有分裂。

實際尺寸

繁縷 外 食

比起綠繁縷，可常在旱田、都市街道看到繁縷。■石竹科■一～二年生草本植物■ 15 ～ 50cm ✲ 3 ～ 9 月 ■歐洲原產■路邊、旱田 ■莖‧葉（醬拌菜、涼拌菜、天婦羅）

分辨方法

種子

較平滑的鋸齒　　較尖銳的鋸齒

◀ 繁縷　　　◀ 綠繁縷

綠繁縷 食

春季七草（→ P.46）之一。與繁縷類似。■石竹科■一～二年生草本植物■ 15 ～ 50cm ✲ 3 ～ 5 月■日本全國■草地、林邊■莖‧葉（醬拌菜、涼拌菜、天婦羅）

橢圓形的葉。

無心菜（鵝不食草）

日文名稱為「ノミノツヅリ」其中「ツヅリ」是指粗糙的衣服。意思是其葉片就像跳蚤的衣服一樣那麼地小。■石竹科■二年生草本植物■ 10 ～ 25cm ✲ 3 ～ 6 月 ■日本全國■路邊、荒野

■科名 ■生長狀態 ■尺寸 ✲開花期 ✿結果期 ■分布地點或原產地 ■可見地點 ■食用方法 外外來物種 食可食植物 毒有毒植物

◀莖會流出黃
色液體，接觸
到空氣後會轉
變為橘色。

小酸模 外
葉子有酸味，家畜不太愛吃，因此被視為害草。◪蓼
科◼多年生草本植物 ◼ 20～50cm ❀ 5～8月 ◼歐洲原
產 ◼路邊、荒野

白屈菜 毒
莖切斷後會流出黃色液體，如果接觸到皮膚
會起斑疹。◪罌粟科◼二年生草本植物 ◼ 30～
80cm ❀ 4～7月 ◼北海道～九州 ◼草地、林邊

小穗

小穗
由許多「小花」
聚生而成。

小花

早熟禾
在耕田之前，水田內會出現的
大量小草，穗經常呈現紫色。
◪禾本科◼一～二年生草本植物
◼ 5～30cm ❀ 2～11月 ◼日
本全國 ◼路邊、水田、濕地

小穗

大扁雀麥 外
葉子到了冬季仍為青綠色，
有堅硬且扁平的綠色小穗。
◪禾本科◼一～二年生草本
植物 ◼ 40～120cm ❀ 3～8
月 ◼南美洲原產 ◼路邊、旱
田

早熟禾不怕除草

通常植物為了照射到日光，都會不斷地向上生長，新的葉與莖延伸的部分就是「生長點」，這個生長點位在植物身體上。此外，在禾本科植物方面，例如：早熟禾（→ P.33）等物種的莖卻不會向上延伸，且生長點接近地面。因此，即使地上部分被切割變短，只要還有生長點存在，就可以再冒出新葉與莖。這類植物即使頻繁除草仍會殘存，因此可以運用作為矮草坪（→ P.102）。

生長點

◀早熟禾生長的樣子。生長點幾乎緊黏在地面。

大凌風草 外

倒掛著許多有如日本金幣般的小穗。■禾本科 ■一生草本植物■ 30 ～ 70cm ❋ 5 ～ 7 月■歐洲原產■路邊、荒野

有著如日本金幣般的小穗（小花聚生）。

三角形的小穗

銀鱗茅 外

密集附著非常小型、綠色、如日本金幣般的小穗。■禾本科 ■一年生草本植物■ 10 ～ 60cm ❋ 5 ～ 7 月■歐洲原產■路邊、荒野

與大凌風草的生長環境相同。

紫色的芒（刺）。

近緣種——纖毛披鹼草的芒並不是紫色。

膜緣披鹼草

穗沒有分枝，隨意地低垂著。具有紫色長芒，非常顯目。■禾本科■多年生草本植物 ■ 40 ～ 100cm ❋ 5 ～ 7 月■日本全國■路邊、草地

■科名 ■生長狀態 ■尺寸 ❋開花期 ●結果期 ■分布地點或原產地 ■可見地點 ■食用方法 外外來物種 食可食植物 毒有毒植物

景觀植物 春

讓我們來欣賞一下春季的景觀植物吧！秋季播下的種子、埋下的球根，在此時開出了色彩繽紛的花朵。我們可以在春季景觀植物中，看到許多歐洲或是亞洲原產的植物。

頭狀花序

雛菊
會開出類似菊花的花朵。■菊科 ■ 10 〜 20cm ✿ 粉紅、紅、白等 ■歐洲

紫花藿香薊
花期長，花不會退色。■菊科■ 15 〜 30cm ✿ 紫、粉紅等 ■墨西哥、中美洲

金盞花
自古以來就在日本栽種。■菊科 ■ 15 〜 60cm ✿橘、黃等■南歐

矢車菊
花長得很像鯉魚旗上的矢車標記。■菊科 ■ 30 〜 100cm ✿藍、粉紅等 ■歐洲東南部〜西亞

瑪格麗特（木茼蒿）
越長越大後，根部會開始木質化。■菊科 ■ 20 〜 100cm ✿白、粉紅等■加那利群島

非洲菊
也有雄蕊會成為花瓣的重瓣物種。■菊科 ■ 20 〜 45cm ✿紅、黃等■南非

忘都菊
從某種馬蘭（→ P.114）品種改良而來。■ 菊科 ■ 20 〜 50cm ✿白、紫等 ■日本

金魚草
花的形狀很像金魚在游泳的姿態。■車前草科 ■ 15 〜 150cm ✿粉紅、紅、黃等 ■地中海沿岸

香草類植物

有些植物對我們的生活很有幫助，可以利用在各種場合，例如：做菜、入藥、泡澡等。

藥用鼠尾草
用來增添肉品香氣，或用於香草茶。■唇形科 ■ 40 〜 90cm ✿紫、藍等 ■歐洲

薄荷
帶有清新的香氣，通常會用作口香糖、牙膏、香草茶等。■唇形科 ■ 30 〜 90cm ✿白、紫等 ■歐洲

迷迭香
可用在肉類、魚類料理。即使乾燥也留有香氣。■唇形科 ■ 50 〜 120cm ✿白、紫等 ■地中海沿岸

■科名 ■尺寸 ✿花色 ■原產地

柳穿魚（姬金魚草）

會開出長得很像金魚的小花。■車前草科 ■20～45cm ✿紫、黃等 ■歐洲等

勿忘草

會開出 5cm 左右的小花。■紫草科 ■10～50cm ✿藍、粉紅等 ■亞洲、歐洲

三色菫

花朵尺寸有 3～10cm 不等。■菫菜科 ■10～30cm ✿黃、紅、紫等 ■歐洲

西洋櫻草

還有重瓣物種。■報春花科 ■12～20cm ✿紅、粉紅、黃等 ■歐洲

報春花（櫻花草）

分枝多，花朵會層層疊疊地往上綻放。■報春花科 ■20～50cm ✿粉紅、白、紫等 ■中國

針葉天藍繡球

莖橫向生長，花朵會覆蓋地面。■花蒽科 ■5～20cm ✿粉紅、紅、白等 ■北美洲

銀蓮花

有單瓣與重瓣物種。■毛茛科 ■15～40cm ✿紅、粉紅、紫等 ■地中海沿岸

紫羅蘭

會散發出花香。■十字花科 ■40～120cm ✿白、紅、粉紅等 ■南歐

松葉牡丹

觀賞用的高麗菜相近物種。■菫菜科 ■10～30cm ✿黃、紅、紫等 ■歐洲西部

香碗豆

有著類似蝴蝶的外型，會散發出花香。■豆科 ✿粉紅、白等 ■義大利

香菫菜

會開出類似三色菫的花朵。■菫菜科 ■5～30cm ✿黃、紅、紫等 ■歐洲

芍藥

傳入日本作為藥草之用。■芍藥科 ■50～90cm ✿粉紅、紅、白等 ■中國、蒙古等

康乃馨

用於插花或是盆栽栽培。■石竹科 ■20～100cm ✿紅、粉紅、黃等 ■南歐

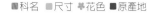

■科名　■尺寸　✿花色　■原產地

滿天星（縷絲花）
會開出非常多的小花。◪石竹科
■ 20～60cm ✿白、粉紅等 ■歐
洲、亞洲

星辰花
紫色部分是喇叭狀的萼片。◪藍
雪科 40～90cm ✿白、黃等 ■
地中海沿岸

小蒼蘭
和鬱金香一樣，同屬球根植物。
◪菖蒲科 ■ 30～45cm ✿黃、粉
紅、白等 ■南非

虞美人
有單瓣與重瓣物種。◪罌粟科 ■
40～60cm ✿紅、粉紅、白等 ■歐
洲中部

野罌粟（冰島罌粟）
細長花莖的前端，只會開出一朵
花。◪罌粟科 30～60cm ✿橘、
黃、白等 ■北極圈

耶誕玫瑰
花朵會向下綻放。◪毛茛科 ■
10～50cm ✿白、粉紅、紫等 ■歐
洲、亞洲西部

天竺葵
葉子有光澤、肥厚。◪牻牛兒苗
科 ■ 20～100cm ✿紅、白、粉紅
等 ■南非

葡萄風信子
小型壺狀的花朵聚生綻放。◪天
門冬科 ■ 10～30cm ✿藍、紫、白
等 ■地中海沿岸

白花韭
葉子會散發出類似韭菜的味道。
◪石蒜科 ■ 10～20cm ✿白、淺
紫等 ■南非

水仙（日本水仙）
能耐寒的植物。◪石蒜科 ■ 20～
50cm ✿白、黃等 ■地中海沿岸等

溪蓀
紫色花瓣上有網狀脈紋。◪菖蒲科
■ 30～60cm ✿紫、白等 ■包含日
本在內的東北亞

番紅花
花朵只會在白天綻放。◪菖蒲科
■ 5～20cm ✿紫、白、黃等 ■歐
洲西南部～西亞

風信子
花朵會散發出強烈的花香。◪天
門冬科 ■ 15～25cm ✿白、粉紅、
黃、紫、藍等 ■地中海沿岸

鬱金香
還有重瓣物種。◪百合科 ■ 10～
70cm ✿紅、黃、白等 ■地中海沿
岸～中亞

都市的樹木 春

雄蕊　雌蕊

皋月杜鵑

經常以盆栽或是庭園花草的方式栽培，與其他杜鵑近似物種比較起來，花期較遲。■杜鵑花科 ■常綠灌木 ■30～150cm ✤5～7月 🍎9～12月 ■本州～九州 ■公園、行道樹、庭園、山間溪谷邊

豔紫杜鵑

從雜交種中雀屏中選，非野生。■杜鵑花科 ■半常綠灌木 ■1～3m ✤4～5月 🍎非常少結果 ■公園、行道樹

尺寸 Check

縮小尺寸栽種的植物

　　日本方面，自古以來即具備可將體積龐大的植物分裝成小盆栽種的「盆栽」技術。一般來說可以將數公尺到數十公尺的樹木，植栽成數十公分的迷你尺寸。為什麼可以這樣呢？

　　只要將那些不去搭理卻會自己不斷生長變大的植物枝剪下，利用分枝方式繼續繁殖即可。但是，製作盆栽需要非常高度的技術。其中，甚至有從小、放在花盆裡栽種超過100年以上的盆栽。目前盆栽栽種方式已經廣為世界所知。

◀皋月杜鵑盆栽。盆栽種植會限制植物生長，但是如果直接種在土地，根部得以擴張，地面上的植物體也能跟著長大。

尺寸 Check

歐丁香 外

會綻放出紫色或白色的花朵，香氣濃郁，可作為香水原料。■木樨科 ■落葉小喬木 ■1～8m ✤5～6月 ■歐洲原產 ■公園、行道樹

尺寸 Check

大花四照花 外

有四大片白色或紅紫色的總苞片（由包裹花的葉子轉變而成），看起來很像花瓣。■山茱萸科 ■落葉喬木 ■5～10m ✤4～5月 🍎9～10月 ■北美洲原產 ■公園、行道樹、庭園

尺寸 Check

瑞香 外 毒

初春時期開花，開花時周邊會環繞著香甜的氣味。果實有毒。■瑞香科 ■常綠灌木 ■50～100m ✤2～4月 🍎非常少結果 ■中國原產 ■公園、庭園

■科名 ■生長狀態 ■尺寸 ✤開花期 🍎結果期 ■分布地點或原產地 ■可見地點 ■食用方法 外外來物種 🍎可食植物 毒有毒植物

尺寸
Check

花

花

結香 外

特徵是都會分化為三根分枝，樹皮可作為和紙原料。■瑞香科■落葉灌木■
1～2m ✿3～4月 ◉6～7月■中國原產■公園、庭園

尺寸
Check

欅樹

樹形像一把掃帚，非常美麗，經常
用來作為行道樹。■榆科 ■落葉喬
木 ■5～25m ✿4～5月 ◉10月■
本州～九州 ■公園、行道樹、山地‧
河岸

果實可以食用。

▲栽種成行道樹的欅樹。

珍珠繡線菊

春季會在枝頭綻放許多白色小花。■薔薇科■落
葉灌木 ■1～2m ✿4月 ◉5～6月■本州～九州
■公園、庭園、河岸‧山間溪谷邊

莖呈現藤蔓
狀延伸。

紅莓消 食

常見的木莓類，6月左右紅色果實成
熟即可食用。■薔薇科 ■落葉小灌木
■30～50cm ✿5～6月 ◉6～7月
■日本全國 ■路邊、河岸、林邊■果實
（生吃、果醬）

花

貼梗海棠 外 食

自古以來即栽種作為庭園花草、盆栽，花色有白有紅。■薔薇科■落葉灌木■1～2m✿3～4月🍎7～8月■中國原產■庭園、公園■果實（和砂糖一起煮、水果酒）

尺寸
Check

▲一株貼梗海棠會綻放出各種顏色的花。

染井吉野櫻

為江戶彼岸櫻與大島櫻雜交而成的園藝品種。■薔薇科■落葉喬木■5～15m✿3～4月🍎5～6月（很少結果）■日本全國■公園、行道樹

尺寸
Check

▲花苞剖面。度過冬季後，花苞就會隨著氣溫暖和而膨脹變大。

🌿 從一棵櫻花樹而來

　　日本全國栽種了數不清的染井吉野櫻（櫻花近似物種）。我們賞櫻時所看到的櫻花，幾乎都是染井吉野櫻。事實上，這些櫻花樹都是從一棵樹開始以「嫁接」方法繁殖的分身（clone）（→ P.31）。嫁接是一種將砧木接上樹枝，使其成為另一棵樹的技術。染井吉野櫻的歷史較短，從明治時代才開始四處種植。

　　由於原本的基因相同，所以只要條件足夠即可一起開花，完美地變身成為另一棵櫻花樹。可惜的是，染井吉野櫻壽命並不長，體質較虛弱的樹必須重新種植。

▲日本全國各地種植的染井吉野櫻全是分身。

■科名 ■生長狀態 ■尺寸 ✿開花期 🍎結果期 ■分布地點或原產地 ■可見地點 ■食用方法 外外來物種 食可食植物 毒有毒植物

枝垂櫻（系櫻）

江戶彼岸櫻的園藝品種，樹枝會下垂延伸。█薔薇科 █落葉喬木 █ 3～20m ❋ 3～4月 🍒 5～6月 █日本全國 █公園、行道樹

尺寸 Check

山櫻 食

大島櫻類的園藝品種，會在 4 月中旬左右盛開，大多是重瓣品種。█薔薇科 █落葉喬木 █ 5～15m ❋ 4月 █公園、行道樹 █花（鹽漬）

尺寸 Check

未成熟的青梅果實有毒。

花

尺寸 Check

桃 外 食 毒

有可以用來觀賞用的桃花樹，也有可以採收果實的桃子樹。未成熟的果實有毒。█薔薇科 █落葉小喬木 █ 2～8m ❋ 3～4月 🍑 7～9月 █中國原產 █公園、庭園、栽培 █成熟的果實（生吃）

尺寸 Check

梅 外 食 毒

會在早春、抽葉之前開花，梅雨時期果實會變黃、成熟。█薔薇科 █落葉小喬木 █ 3～6m ❋ 2～3月 🍒6月 █中國原產 █公園、庭園、栽培 █果實（梅乾、梅酒）

棣棠花

原本生長於山地，現在經常種植在庭園或是公園。█薔薇科 █落葉灌木 █ 1～2m ❋ 4～5月 🍒9～10月 █北海道～九州 █公園、庭園、山地

尺寸 Check

▶喜好生長在日照不太強烈的地方。

◀也有重瓣（雄蕊變成花瓣，數量多、重疊開花）的物種。

41

尺寸
Check

貝利氏相思（含羞草相思）外

特徵是擁有像羽毛般柔細的銀色葉子，
周圍環繞著黃色的花。■豆科 ■常綠小喬
木 ■5～10m ❀2～4月 ❧5－6月 ■澳
洲原產 ■公園、庭園

▲開滿黃花的貝利氏相
思。

紫藤食

葉子由5片到7片的小葉組
合而成。■豆科 ■落葉性蔓
性木本植物 ❀5月 ❧10～
11月 ■本州～九州 ■庭園、
公園、林邊、山地 ■新芽（涼
拌菜）、果實（炒豆）

紫荊外

沒有分裂的圓形葉子會著生在花朵後
方。■豆科 ■落葉灌木 ■2～4m ❀
5～6月 ■中國原產 ■公園、庭園

金雀兒外 毒

枝與葉有毒，另有紅
色與粉紅色的園藝品
種。■豆科 ■落葉灌
木 ■1～3m ❀5～
6月 ❧8～10月 ■歐
洲原產 ■公園、庭園

尺寸
Check

楊屬外

樹形縱向且細長，相當
獨特，雌株會在初夏時
讓附有棉毛的種子飄散
出去。■楊柳科 ■落葉喬
木 ■20m ❀3月 ❧5月
■歐洲原產 ■公園、行道
樹

尺寸
Check

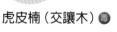

虎皮楠（交讓木）毒

雖然是常綠樹，但是春季會發
出新葉，舊葉則會掉落。葉與
樹皮有毒。■虎皮楠科 ■常綠喬
木 ■3～10m ❀5～6月 ❧11～
12月 ■本州～琉球群島 ■公園、
行道樹、山地

尺寸
Check

毛泡桐

木材非常輕，可以作為家具的材
料。■泡桐科 ■落葉喬木 ■5～
15m ❀5～6月 ■日本全國 ■公園、
庭園、林間、山地

都市植物 春

42

■科名 ■生長狀態 ■尺寸 ❀開花期 ❧結果期 ■分布地點或原產地 ■可見地點 ■食用方法 外外來物種 食可食植物 毒有毒植物

牡丹 外

在中國被稱作「花王」，會綻放出白色、粉紅、紅色的大型花朵。❁牡丹科■落葉灌木■50～180cm✿4～5月、11～12月■中國原產■公園、庭園

尺寸
Check

連香樹

深秋，葉子掉落的同時會飄散出香甜的氣味。❁連香樹科■落葉喬木■5～30m✿3～5月🍎11～12月■北海道～九州■公園、行道樹、山間溪谷邊

尺寸
Check

▲經常可見作為行道樹的連香樹。

尺寸
Check

十大功勞 外

秋季會長出藍紫色的果實。❁小檗科■常綠灌木■0.8～2m✿3～4月🍎9～11月■中國原產■公園、庭園

從恐龍時代即出現的木蘭近似物種

我們可以從化石得知木蘭誕生在1億多年前。從當時迄今，木蘭的形體並沒有太大的改變。然而，究竟是藉由昆蟲運送花粉的木蘭近似物種比較早出現，還是藉由風運送花粉的山毛櫸比較早出現？歷經長久的時間，這問題仍不可考，後來使用DNA進行研究後才確認木蘭的近似物種比較早出現。木蘭會讓攝食花粉的豔金龜近似物種，將花粉運送到其他的樹木上。也就是說昆蟲與花之間的關係，從1億多年前就持續到現在。

木蘭（紫玉蘭）外

與玉蘭花類似，花為紅紫色。❁木蘭科■落葉小喬木■2～5m✿3～4月🍎9～10月■中國原產■公園、庭園

▲與木蘭類似，開白花的是「白玉蘭」。可長成10m以上的大型樹木。

尺寸
Check

▲攝食木蘭花粉的甲蟲物種。這或許是重現了1億年前的光景。

洋玉蘭 外

可以長到直徑 20cm，會開出帶有香甜氣味的
白花。■木蘭科 ■常綠喬木 ■ 5 ～ 20m ✽ 6 月
🍎 10 ～ 11 月■北美洲原產■公園、庭園

尺寸 Check

會散發非常美
好的花香味。

北美鵝掌楸（半纏木）外

葉片呈現半纏繞的形狀，帶有美好香氣的花朵
會向上綻放。■木蘭科 ■落葉喬木 ■ 10 ～
30m ✽ 5 ～ 6 月 🍎 10 ～ 11 月■北美洲原產 ■公
園、行道樹

尺寸 Check

尺寸 Check

水杉 外

從白堊紀時期就存
在的植物，被稱作
「活化石」。■柏
科 ■落葉喬木 ■
5 ～ 20m ✽ 2 ～ 3 月
🍎 10 ～ 11 月■中國
原產■公園、行道樹

▲ 栽種作為行道樹。

▲ 水杉的葉片化石。形
狀迄今幾乎沒有改變。

■科名 ■生長狀態 ■尺寸 ✽開花期 🍎結果期 ■分布地點或原產地 ■可見地點 🍴食用方法 外外來物種 🍎可食植物 🍄有毒植物

世界上最大的樹

樹木的樹幹會年年變粗，可以長到數十公尺高。究竟能夠長到多高呢？

非常龐大的巨杉物種

　　世界第一大樹是種植在美國紅杉國家公園內的「巨杉（*Sequoiadendron giganteum*）」物種。體積最大可達高84m、根部的樹幹直徑約 11m，被稱作「薛曼將軍樹」。

　　另一方面，世界最高的樹也生長在美國，是一種被稱作「加州紅木」的植物物種，可高達 115m 以上（40 層樓高）。

支撐巨木的樹幹

　　檢視樹幹的剖面，可以看到有從中心往外擴散的圓狀輪痕，稱作「年輪」。最外側部位稱作「形成層」，會進行細胞分裂，使得細胞不斷增加、生長。春季時雖然會不斷分裂生長，但是到了冬季則幾乎停止。因為有了這樣的生長差異而形成了年輪，所以只要觀察年輪的寬度就知道該樹一年生長了多少。

　　木質部的細胞內存有纖維素與木質素，雖然最終都會死去，但是會變成堅硬、堅固的組織。如此不斷地反覆，樹幹才得以年年變得更加粗壯。

●**樹幹剖面**
最外側有樹皮，內側的韌皮部具有可運送養分的管子。往內是形成層，最內側的是匯集運送樹葉、樹枝水分與礦物質管子的木質部。

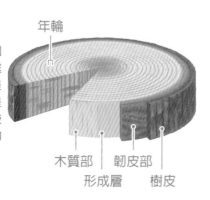

年輪

木質部　韌皮部
形成層　　樹皮

巨杉。
與人（箭頭處）
比較起來，差距立現

嚐嚐野草、樹果的滋味

野草與樹果中，有許多是可以食用的。身邊常見的蒲公英（→ P.24）與橡實等都可以在料理後食用。

▶桑樹（→ P.149）果實

大自然是食物寶庫

很多生長在我們周邊的植物都是可以食用的。比方說，薺菜、繁縷等，雖然都是生長在庭園或是旱田內、令人厭煩的蔓延雜草，但是卻名列「春季七草」，自古即是冬季用來代替食用的葉菜類植物。蒲公英在歐洲也被認為是很棒的蔬菜之一。

此外，在樹果方面，帶有甜味的木莓類等樹果可以直接生吃。橡實可以先泡水、水煮去除浮沫，去除苦澀味後再食用。

另一方面，也有許多有毒植物存在。萬一不太有信心，就千萬不要放入口中。此外，不能隨意摘採鄰居栽種在庭園或是旱田內的植物，以及在保育區生長的植物。

▲薺菜（→ P.30）是春季七草之一。會作為七草粥（右圖）的食材。

▲6月左右會結果的紅莓消（→ P.39），滋味酸甜，可以直接生吃，亦可作為果醬。

▲6月左右結果的楊梅（→ P.174），成熟後會從紅轉黑。轉黑後即是最佳食用期。

蒲公英的食用方法

蒲公英的花、葉、根部全都可以食用。會在春季長出嫩葉，可以在開花期間採收。

花 涼拌菜、天婦羅

蒲公英的花可以做成天婦羅增添料理色彩。不太會覺得有苦味。

葉 涼拌菜、天婦羅

鮮嫩、柔軟的葉子，稍帶苦味。

根 蒲公英咖啡、辣炒牛蒡絲（金平）

蒲公英的根可以泡水，去除浮沫、切細碎後像沖咖啡一樣用熱水沖泡。與一般咖啡不同的地方在於不含咖啡因。

簡單！ 芝麻涼拌蒲公英葉的作法

❶ 將摘下的葉子洗淨。如果想去除苦澀味，可以先泡水半天左右，去除浮沫。

❷ 水煮幾分鐘直到葉子變軟，切成 3 ～ 5 公分長。

❸ 碗中放入醬油、砂糖、鰹魚粉調味料、芝麻、煮好的葉子一起攪拌，即完成。

完成！

▶芝麻涼拌蒲公英葉。稍帶苦味，但很好吃。

橡實的食用方法

橡實富含碳水化合物等營養素。但是枹櫟等的浮沫（澀水）較多，味道非常苦澀，必須仔細去除浮沫後才能食用。此外，天女栲以及白校欑等橡實的浮沫較少，可以直接煎炒後食用。

浮沫較少

天女栲、白校欑等的橡實浮沫較少，可以直接用平底鍋煎炒後食用。

天女栲（→ P.149）　白校欑

浮沫較多

麻櫟、枹櫟等的浮沫非常多，必須仔細去除後才能食用。

麻櫟（→ P.162）　枹櫟（→ P.163）

簡單！ 煎炒橡實的作法

❶ 將天女栲等浮沫較少的橡實用水洗淨。

❷ 用平底鍋開小火煎炒。橡實可能會彈跳，最好蓋上鍋蓋。

❸ 煎炒約 2 ～ 3 分鐘，殼就會裂開。

❹ 剝除裂開的殼以及中間的薄膜即完成。灑點鹽巴會更美味。

都市植物 夏

夏季的陽光是一年當中最強烈的，因此植物能夠快速地茁壯生長。就連水泥隙縫等處皆會有植物生命力旺盛地探出頭來。

●雞屎藤
（→P.53）

●粗毛牛膝菊
（→P.51）

●烏斂莓
（→P.56）

●日本虎杖
（→P.52）

青鳳蝶

豆金龜

●狗尾草
（→P.58）

48

小蓬草（→ P.51）

●蘇門白酒草
（→ P.50）

日本油蟬

青鳳蝶幼蟲

●樟樹
（→ P.71）

細扁食蚜蠅

黃鉤蛺蝶

尖頭蝗

●升馬唐
（→ P.58）

藍灰蝶

●一年蓬
（→ P.50）

●馬齒莧
（→ P.56）

●酢漿草
（→ P.55）

菱蝗

都市的草花植物 夏

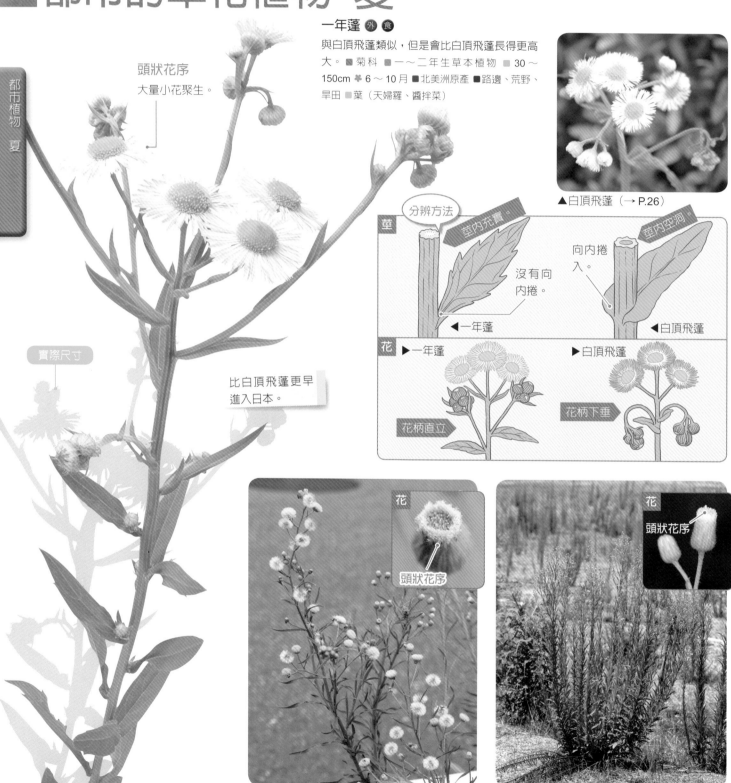

頭狀花序
大量小花聚生。

一年蓬 外 食
與白頂飛蓬類似，但是會比白頂飛蓬長得更高大。■菊科 ■一～二年生草本植物 ■30～150cm ❀6～10月■北美洲原產 ■路邊、荒野、旱田 ■葉（天婦羅、醬拌菜）

▲白頂飛蓬（→ P.26）

分辨方法

莖
莖內充實。
沒有向內捲。
◀一年蓬

莖內空洞。
向內捲入。
◀白頂飛蓬

花
▶一年蓬
花柄直立

▶白頂飛蓬
花柄下垂

實際尺寸

比白頂飛蓬更早進入日本。

花
頭狀花序

香絲草 外
葉子呈現波浪狀，從側邊長出的橫枝會比中心的莖來得高。■菊科 ■一～二年生草本植物 ■30～50cm ❀5～10月 ■南美洲原產 ■路邊

花
頭狀花序

蘇門白酒草 外
與一年蓬類似，但是沒有頭狀花序的小花（舌狀花）。■菊科 ■二年生草本植物 ■1～2m ❀7～10月 ■南美洲原產 ■路邊、荒野

■科名 ■生長狀態 ■尺寸 ❀開花期 ◉結果期 ■分布地點或原產地 ■可見地點 ■食用方法 外外來物種 食可食植物 毒有毒植物

頭狀花序

粗毛牛膝菊 外

主要花期雖然在夏季，但是只要在溫暖的地點，一整年都會開花。◪菊科 ◪一年生草本植物 ◪30～50cm ✿5～11月 ◪美洲熱帶地區原產 ◪路邊、旱田

管狀花

頭狀花

花

▲頭狀花序是由舌狀花與管狀花聚生而成。

頭狀花序

開在垃圾場邊的花

相傳「粗毛牛膝菊」的日文名稱——「ハキダメギク（掃溜菊）」由來，是因為當初在家庭垃圾收集場邊被發現。經由進行日本植物學草本分類的牧野富太郎博士報告後，將其以此命名。

花

舌狀花

頭狀花序

豬草 外

與三裂葉豬草類似（→P.75），但是尺寸較小。◪菊科 ◪一年生草本植物 ◪30～100cm ✿7～10月 ◪北美洲原產 ◪草地、荒野

頭狀花序

花

▲豬草的頭狀花序。會彈出大量的花粉，是造成花粉症的原因之一。

匙葉鼠麴草 外

莖上半部的葉緣會開出褐色的小花。◪菊科 ◪一～二年生草本植物 ◪10～30cm ✿4～11月 ◪北美洲原產 ◪路邊、草地、荒野

葉

分辨方法

羽毛狀分裂

掌狀分裂

▲豬草

▲三裂葉豬草

小蓬草 外

明治初期傳入日本，由於沿著鐵道路線生長，亦稱作「鐵道草」。◪菊科 ◪一～二年生草本植物 ◪50～150cm ✿7～10月 ◪北美洲原產 ◪路邊、荒野

果實

整株皆有毒。

葉子背面與莖上
有尖銳的刺。

龍葵 毒
會長出許多黑亮的圓果
實，有毒、不可食用。
■茄科 ■一年生草本植物
■ 30 ～ 60cm ✿ 7 ～ 10
月 ■日本全國 ■路邊、旱
田

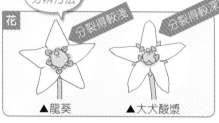

分辨方法

花

分裂得較淺　分裂得較深

▲龍葵　　▲大犬酸漿

北美刺龍葵 外 毒
會長出直徑 1cm、狀似番茄
的果實。■茄科 ■多年生草本
植物 ■ 70 ～ 80cm ✿ 6 ～ 10
月 ■北美洲原產 ■路邊、草
地、旱田

日本虎杖 食
與牽牛花類似，花稍小，
花的輪廓為 5 角形。■旋
花科 ■多年生蔓性草本植
物 ✿ 5 ～ 10 月 ■本州～九
州 ■路邊、荒野、欄杆 ■
新芽（天婦羅、煎炒）

朝顏、午顏、夕顏、夜顏
（牽牛花、打碗花、月光花）

　　朝顏（牽牛花→ P.66）、午顏（打碗
花）、夕顏（月光花），分別會在不同的
時間點開花，讓人看到它們的嬌顏，故日
本方面即以此命名。牽牛花、打碗花（午
顏）是近似物種，同屬旋花科。但是月光
花 （夕顏）卻是花形類似的百合科，與葫
蘆同種。此外，各位可能不太認識，其實
還有「夜顏」這種植物，屬於旋花科，會
在夏季傍晚到夜間開花，清晨凋謝。

打碗花（旋花） 食
花萼下方會有兩個大花苞。■旋花科 ■多年生蔓性
草本植物 ✿ 6 ～ 9 月 ■北海道～九州 ■路邊、荒野、
欄杆 ■新芽（天婦羅、煎炒）

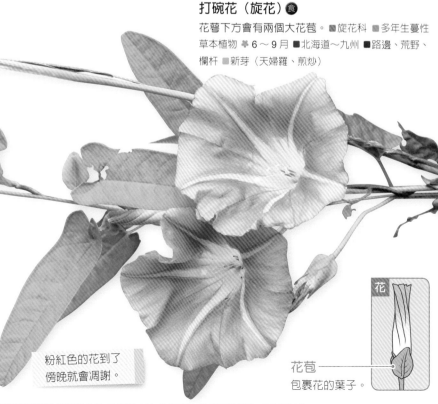

◄夜裡開花的夜
顏。夜行性的白
薯天。

粉紅色的花到了
傍晚就會凋謝。

花

花苞
包裹花的葉子。

■科名 ■生長狀態 ■尺寸 ✿開花期 ●結果期 ■分布地點或原產地 ■可見地點 ■食用方法 外外來物種 食可食植物 毒有毒植物

車前草

經常生長在人車經過的土壤堆積處。◨車前草科◨多年生草本植物 ◨ 15～20cm ✿ 4～9月 ◨日本全國 ◨路邊 ◨嫩葉（涼拌菜、天婦羅）

雌花與雄花開花時期錯開，以防與自己的花粉授粉。

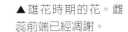

▲ 雄花時期的花。雌蕊前端已經凋謝。

即使被踩踏也不在乎

車前草大多生長於人們行經的道路上。莖與葉中的組織非常強健，即使被人踩踏也不會枯萎，可以繼續生長。甚至反而還可以利用人們踩踏這件事情。因為人們踩到車前草後，種子就會附著在鞋底等處。種子隨著鞋子被運送出去，種子落下之處又可以再長出車前草。

基生葉
從地面長出、呈圓形擴散的葉。

僅會以簇生化狀態過冬。

▲ 葉脈難以斷裂，非常強健，即使被踩踏也不用擔心。

長葉車前 外

葉子比車前草細長，呈竹片形。◨車前草科 ◨一～二年生草本植物 ◨ 20～70cm ✿ 5～8月◨歐洲原產 ◨荒野、堤防

馬鞭草

莖的上半部有分枝，淺褐色的小果實內含有 4 顆種子。◨馬鞭草科 ◨多年生草本植物 ◨ 30～80cm ✿ 6～9月 ◨本州～琉球群島 ◨路邊、荒野、河岸

葶菜

與濕生葶藶（→ P.89）類似，但是果實形狀比較細長。◨十字花科 ◨多年生草本植物 ◨ 10～50cm ✿ 4～9月 ◨日本全國 ◨路邊、草地

▲果實有毒。

雞屎藤 毒

看起來非常可愛，但表裡不一，揉捏葉子後會發出腐臭的氣味。◨茜草科 ◨多年生蔓性草本植物 ✿ 6～9月 ◨日本全國 ◨路邊、河岸、欄杆

裂葉月見草 外

會覆蓋、長滿地面，並
且開出淺黃色的小花。

■柳葉菜科 ■二年生草本
植物 ■20～70cm ❀5～
10月 ■北美洲原產 ■荒
野、河岸

花朵凋謝後
會變成紅色。

由於花很小，在日本
稱作「小待宵草」。

花

實際尺寸

為了方便昆蟲
運送花粉，還
有線連接著。

月見草 外 食

與黃花月見草類似，花比較
小。■柳葉菜科 ■二～多年
生草本植物 ■50～150cm
❀6～9月 ■北美洲原產 ■
路邊、荒野、河岸 ■新芽（涼
拌菜）、花、花苞（天婦羅、
醋拌菜）

實際尺寸

蜜柑草

枝的下方會結出小巧、如蜜柑形狀
的果實。■葉下珠科 ■一年生草本植
物 ■10～40cm ❀7～10月 ■本
州～九州 ■路邊、旱田

果實

花

葛藤 食

秋季七草（→ P.113）之
一，根可以做成葛粉。
■豆科 ■多年生蔓性草本
植物 ❀7～9月 ■北海
道～九州 ■荒野、欄杆、
林邊 ■新芽．花（天婦
羅、涼拌菜）、根（葛粉）

花

鈍葉車軸草 外

會開出如白三葉草（→ P.30）般小巧
的花。■豆科 ■一年生草本植物 ■
20～50cm ❀4～7月 ■歐洲原產 ■
路邊、草地、荒野

野老鸛草 外

會不停地開出粉紅色小花。■牻牛兒
苗科 ■二年生草本植物 ■20～40cm
❀4～9月 ■北美洲原產 ■路邊、荒
野、旱田

■科名 ■生長狀態 ■尺寸 ❀開花期 ●結果期 ■分布地點或原產地 ■可見地點 ■食用方法 外外來物種 食可食植物 毒有毒植物

花苞

花朵即使凋謝，
也不會變紅。

▲夜晚開花的黃花月見草

黃花月見草 外 食

夜間會綻放大朵的黃色花朵，近年來變得較為稀少。■柳葉菜科■二～多年生草本植物■80～150cm❀6～9月■北美洲原產■路邊、河岸■新芽（涼拌菜等）、花・花苞（天婦羅、醋拌菜）

到了晚上葉子會闔起

酢漿草還有3瓣心形小葉聚生在一起成為1瓣葉子的近似物種。這些葉子只會在白天打開，到了夜晚則會折疊關閉。樣子看起來像是被吃了一半的感覺，所以在日本有個別名──「片食」。

晚上葉子會闔起的酢漿草

斑地錦 外

會覆蓋、長滿地面，葉子中心呈紫色。■大戟科■一年生草本植物■10～40cm❀6～10月■北美洲原產■路邊、旱田

花

紅莖酢漿草 食

酢漿草物種，葉與莖呈紫紅色。■酢漿草科■多年生匍匐性草本植物■3～7cm❀3～11月■日本全國■路邊、草地、旱田■葉（湯配料）

紫花酢漿草 外

鱗莖（地下莖吸收養分後變得粗壯的部位）會越來越多。■酢漿草科■多年生草本植物■5～20cm❀5～7月■南美洲原產■路邊、荒野、林邊

酢漿草 食

小葉呈現心形，咀嚼起來會有酸味。■酢漿草科■多年生匍匐性草本植物■5～15cm❀3～11月■日本全國■路邊、草地、旱田■葉（湯配料）

花

烏蘞莓 🍴

花會吸引很多昆蟲聚集，但是幾乎沒有果實。▣葡萄科 ▣多年生蔓性草本植物 ✽ 6～9月 ▣日本全國 ▣路邊、河岸、欄杆 ▣新芽（天婦羅、煎炒）

被卷鬚纏繞

　　烏蘞莓會延伸它的卷鬚，與其他植物或是欄杆纏繞、生長在一起。萬一有東西被它的卷鬚前端纏繞到，就會像被拴緊發條般，無法輕易脫逃。藤蔓可以延伸得非常長，並且覆蓋住那些被纏勒住的植物、奪去它們的陽光，造成它們枯死，在日本被命名為「藪枯らし」。

◀纏繞在欄杆上的烏蘞莓。

花

果實

◀會長出類似葡萄的黑果實，但是有毒不可食用。

美洲商陸 🌐 ☠

果實的子房成熟後，就會下垂，根部會變得像牛蒡一樣粗。▣商陸科 ▣多年生草本植物 ▣1～2m ✽ 6～9月 ▣北美洲原產 ▣路邊、草地、荒野

花

馬齒莧 🍴

非常耐日照與乾燥環境，早晨會開黃花。▣馬齒莧科 ▣一年生草本植物 ▣10～30cm ✽ 7～9月 ▣日本全國 ▣路邊、旱田 ▣莖‧葉（涼拌菜）

花

🌐 🍴
綠穗莧

有綠色、細長的穗，中間會長出許多短橫枝。▣莧科 ▣一年生草本植物 ▣60～150cm ✽ 7～11月 ▣南美洲原產 ▣路邊、草地、荒野 ▣新芽‧葉（醬拌菜、涼拌菜）

花

▲有三根雄蕊。

凹頭莧 🌐 🍴

特徵是莖稍微傾斜，葉子前端不尖，稍微有些內凹。▣莧科 ▣一年生草本植物 ▣15～50cm ✽ 6～11月 ▣原產地不明 ▣路邊、旱田 ▣新芽‧葉（醬拌菜）

▣科名 ▣生長狀態 ▣尺寸 ✽開花期 ♣結果期 ▣分布地點或原產地 ▣可見地點 ▣食用方法 🌐外來物種 🍴可食植物 ☠有毒植物

荒地羊蹄 ^外

特徵是會間隔開花，花萼根部有瘤狀物。
◨蓼科 ◨多年生草本植物 ◨40～80cm ✿
5～10月 ◨歐洲原產 ◨路邊、草地、荒野、河岸

花

睫穗蓼

與藥用的竹節蓼不一樣，葉子沒有辛辣味，由於沒有特殊功用，所以日本方面將其命名為「犬蓼」。◨蓼科 ◨一年生草本植物 ◨20～60cm ✿
6～11月 ◨日本全國 ◨路邊、草地、堤防

花稍微帶點紅色，葉緣帶有一點波浪狀。

分辨方法

粉紅 白

▲睫穗蓼　▲白蓼

紅蓼 ^外

紅色的穗非常美麗，通常會栽種在庭園，各地也有野生的紅蓼。◨蓼科 ◨一年生草本植物 ◨100～150cm
✿ 7～10月 ◨亞洲熱帶地區原產 ◨路邊、草地、荒野

花

▶莖上有無數的毛。

扁蓄

葉子與柳樹類似，日本方面將其命名為「道柳」。◨蓼科 ◨一年生草本植物 ◨10～40cm ✿
5～10月 ◨日本全國 ◨路邊、荒野

花

▲小朵的花開在葉子根部。

花

博落回 ^毒

可以看出花的雄蕊上帶有棉毛。整株皆有毒。◨罌粟科◨多年生草本植物 ◨1～2m ✿
7～8月 ◨本州～九州 ◨路邊、荒野、林邊

穗狀
花序

狗尾草（通天草）

與暱稱「貓尾草」的植物非常類似。是可食用的
粟米原種植物。■禾本科 ■一年生草本植物 ■
30～80cm ✿5～10月 ■日本全國 ■路邊、草地、
旱田 ■種子（爆米花）

▲會在荒野，群生一整片。

▲狗尾草的
爆米花。

俗稱狗尾草帶有「像
小狗的草」的意思。

狼尾草

根部非常結實，很難拔起。果實可以變
身成為「魔鬼氈」。■禾本科 ■多年生
本植物 ■50～80cm ✿8～11月 ■日本
全國 ■路邊

比升馬唐粗。

健壯、扁平
的莖。

比牛筋草細。

在長出穗之前，難以分辨是
「牛筋草」還是「升馬唐」。

🌿禾本科植物的穗狀花序

　　狗尾草等禾本科植物以及莎草科植物莖部的最
前端呈「穗狀花序」。穗狀花序是由許多小花（小
穗）聚生而成。開花後所結的果實也會集中在穗的位
置。稻米與小麥等可食用的禾本科植物稱作「穀物」
（P.122），可以收成其穗狀花序的部分。

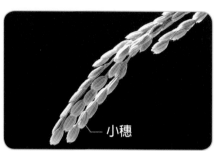

▶ 禾本科的
穗。許多小穗
聚生成為穗狀
花序。

└─小穗

小穗　雄蕊
　　　雌蕊

▲可以看到雄蕊與雌蕊。

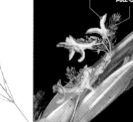

小穗　雄蕊

雌蕊

◀可以看到雄
蕊與雌蕊。

牛筋草

莖與葉非常結實，即使踩踏也
不易斷裂。■禾本科 ■一年生
草本植物 ■30～60cm ✿7～
10月 ■日本全國 ■路邊、旱田

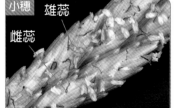

升馬唐

與牛筋草比較起來，姿態較為
優美，日本將其命名為「メヒ
シバ（雌日芝）」。■禾本科
■多年生草本植物 ■10～50cm
✿7～11月 ■日本全國 ■路邊、
草地、旱田

── 又細又圓的莖。

■科名 ■生長狀態 ■尺寸 ✿開花期 🍎結果期 ■分布地點或原產地 ■可見地點 ■食用方法 ⚠外來物種 ●可食植物 ☠有毒植物

多桿畫眉草
長得很像早熟禾（→ P.33），
穗的顏色呈褐色。🌿禾本科 ■
一年生草本植物 ■ 10～20cm
❀ 8～10月 ■日本全國 ■路
邊、旱田

> 早晨會飄散出很
> 多花粉。

鴨茅 外
原本作為牧草，現在已經野生
化，是造成初夏花粉症的原因之
一。🌿禾本科 ■ 多年生草本植物
■ 30～100cm ❀ 5～8月 ■歐洲
原產 ■路邊、草地、堤防

◀毛花雀稗高大的莖
會集中在一起生長。

小穗

芒（刺）
有2根長芒。

小穗

◀雌蕊與雄蕊呈
黑紫色。

毛花雀稗 外
原本栽培作為牧草使用，現已野生
化。🌿禾本科 ■ 多年生草本植物 ■
40～90cm ❀ 8～10月 ■南美洲原
產 ■路邊、草地、堤防

野燕麥 外 食
非常近似燕麥，可作為燕麥
片的原料。🌿禾本科 ■一～
二年生草本植物 ■ 60～
100cm ❀ 5～7月 ■歐洲原
產 ■路邊、草地、堤防 ■穗
（燕麥片）

香附
隆起的部分根部，被命名為「香附子」，
用於中藥材。🌿莎草科 ■ 多年生草本植
物 ■ 15～40cm ❀ 7～10月 ■本州～
琉球群島 ■路邊、旱田、河岸

穗的顏色
非常紅。

◀野燕麥
沒有芒，
或是只有
1根芒。

59

鴨跖草 食

早上開花，半天就會凋謝。■鴨跖草科 ■一年生草本植物 ■30～70cm ✿ 6～10月 ■日本全國 ■路邊、草地 ■新芽（涼拌菜、醋拌菜）

2片藍色又醒目的花瓣。

雌蕊

1片白色不醒目的花瓣。

實際尺寸

6根形狀不同的雄蕊。

稍縱即逝的鴨跖草花

鴨跖草的藍色花瓣非常醒目。花瓣輕薄，採收下來就會立刻枯萎。藍色色素是花色素苷，易溶於水。為了取得該種色素，通常會栽種鴨跖草的園藝品種——「大帽子花」。收集而來的花瓣色素可用於手繪的友禪染 繪圖打底。完成上色後再用水洗，即可去除打底草稿的顏色。看來不僅是花瓣，鴨跖草的顏色也是稍縱即逝呢！

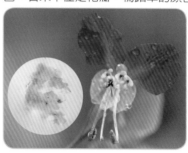

◀將鴨跖草的花瓣色素印在白紙上，會呈現出美麗的藍色。

種子

種子

花苞

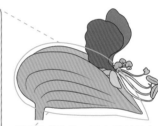

◀果實成熟後，原本將花朵包裹住的「花苞」就會開啟，種子即可由內彈飛出來。

庭菖蒲 外

有會綻放紫色花的物種，以及綻放白色花的物種。■鳶尾科 ■多年生草本植物 ■10～20cm ✿ 5～6月 ■北美洲原產 ■路邊、堤防、草地

花

▲ 小巧的花纏繞著莖部，一路扭轉著排列生長。扭轉方向有兩種，可分為右捲或左捲。

綬草（盤龍參）

公園等草地上生長的蘭花，根部是白色的，非常粗壯。■蘭科 ■多年生草本植物 ■10～40cm ✿ 6～7月 ■北海道～九州 ■草地、荒野、堤防

■科名 ■生長狀態 ■尺寸 ✿開花期 ✿結果期 ■分布地點或原產地 ■可見地點 ■食用方法 外外來物種 食可食植物 毒有毒植物

薤白 🍴

整株植物和長蔥非常相似，葉和長蔥一樣呈筒狀。■石蒜科 ■多年生草本植物 ■30～80cm ✿5～6月 ■日本全國 ■堤防、草地 ■鱗莖（生吃、涼拌菜、湯配料等）

鱗莖

從土壤中拔出的薤白。鱗莖（地下莖儲存養分後會變大）可食用。

珠芽

花

實際尺寸

花序
大量小花聚生。

總苞
包裹住花序。

▲藉由根莖（→P.8）繁殖。高度不高的草會長滿地面。

薤白的珠芽會在初夏傳播。

🍃 花與珠芽

薤白的珠芽會與花同時生長（p.31）。珠芽掉落到地面後，就會直接抽芽，成為新的個體。即使開花，也不太會生成種子的薤白，其實就是藉由珠芽來繁衍子孫的。

越南當地拿來作為料理魚肉的香草。

🍃 可用來當作藥物的植物

日本自古以來，即將魚腥草作為藥用植物。由於魚腥草具有很多效用，因此也以「十藥」之名而廣為人知。民間通常會將晒乾的葉子泡茶飲用，對於便秘及畏寒症有所功效。身邊常見的植物當中，還有葛藤（→P.54）、香附（→P.59）等藥草。其中，有些植物也會放入自中國傳入的中藥藥方當中。

▲乾燥處理過的魚腥草葉。

魚腥草 🍴

生長於陰濕的地點，莖部與葉帶有非常強烈的氣味。■三白草科 ■多年生草本植物 ■15～50cm ✿6～7月 ■本州～琉球群島 ■路邊、林邊 ■地下莖（辣炒牛蒡絲）、葉（天婦羅、煎炒）

景觀植物 夏

夏季的景觀植物區開滿了各色花朵。
在夏季盛開的花卉當中，仍有些不耐熱、怕乾燥的物種。
必須注意遮陽、多幫忙補充水分。

紫菀
一般會開出重瓣的花朵。■菊科
■30～100cm ✿紫、粉紅、白等
■中國

大麗菊
有重瓣與單瓣物種。■菊科■20～
250cm ✿粉紅、紅、黃、白等 ■墨西
哥、瓜地馬拉

百日草（百日菊）
開花期很長，故有「百日草」之
稱。■菊科■30～100cm ✿紫、
紅、白等■墨西哥

萬壽菊
有重瓣與單瓣物種。■菊科■
15～100cm ✿橘、黃等 ■墨西哥

大花六倍利（紅花山梗菜）
喜好潮濕處。■桔梗科 ■50～
100cm ✿紅、白等 ■北美洲

向日葵
夏季的代表花卉。可栽培將種
子作為食品材料或是榨油。■
菊科■30～200cm ✿黃 ■北美
洲

香草物種

德國洋甘菊
帶有蘋果香氣，常用
於花草茶。■菊科■
20～60cm ✿白 ■歐洲
等

百里香
具有可消除肉腥味
等效果。■唇形科■
10～30cm ✿粉紅■
南歐

羅勒
義大利料理中不
可或缺的香草。
■唇形科 ■20～
80cm ✿白 ■亞
洲熱帶地區

薰衣草
大幅運用在香草
茶、入浴劑等。
■唇形科 ■20～
130cm ✿紫 ■地
中海沿岸

毛地黃

葉可用於製成心臟用藥。🌿車前草科 ■ 80～120cm ✿粉紅、白等 ■歐洲等地

夏堇

經常被用於植物研究實驗。🌿母草科 ■ 15～30cm ✿紫、粉紅、白等 ■亞洲熱帶地區

彩葉草

紅色、黃色等美麗的葉子可供作觀賞用。🌿唇形科 ■ 20～100cm ✿紫 ■東南亞

酸漿

花萼非常發達，會像袋子一樣將果實包覆起來。🌿茄科 ■ 30～90cm ✿白 ■東亞

長春花

每天都會綻放新的花朵。🌿夾竹桃科 ■ 15～60cm ✿粉紅、紅、白等 ■馬達加斯加

碧冬茄

會開出類似牽牛花形狀的花。🌿茄科 ■ 10～30cm ✿粉紅、紅、紫、白等 ■巴西

牽牛花

清朝開花。藤蔓會不斷地延伸拉長。🌿旋花科 ✿藍、紅、粉紅、白、紫等 ■亞洲熱帶地區

清晨時花朵會嶄露嬌顏，故日本方面將其命名為「朝顏」。

洋桔梗

有單瓣與重瓣物種。🌿龍膽科 ■ 20～120cm ✿白、粉紅、紫等 ■北美洲等

非洲鳳仙花

花朵上有一條細長的管子。🌿鳳仙花科 ■ 15～80cm ✿粉紅、白、紫等 ■非洲熱帶地區

鳳仙花

果子成熟後，會將種子彈飛出去。🌿鳳仙花科 ■ 30～60cm ✿紅、白等 ■印度、中國南部

絲瓜

乾燥的果實，可以取出果肉，作成絲瓜絡等。🌿葫蘆科 ✿黃 ■東南亞

蜀葵

花會由下而上依序綻放。🌿錦葵科 ■ 80～300cm ✿紅、粉紅、白等 ■安那托利亞、中國等

63

含羞草
只要觸碰張開的葉，葉片就會立刻閤起。■豆科 ■15～50cm ❋粉紅 ■南美洲

美麗月見草
白天開花。■柳葉菜科 ■20～60cm ❋粉紅、白 ■北美洲

松葉菊
照射到日光即會開花，傍晚時閉合。■番杏科 ■10～20cm ❋紅、紫 ■南非

大花馬齒莧
莖會葡匐生長於地面。■馬齒莧科 ■5～20cm ❋紅、黃、橘等 ■南美洲

紫茉莉（煮飯花）
傍晚開花，早晨花苞閉合。■紫茉莉科 ■50～100cm ❋粉紅、黃、白等 ■美洲熱帶地區

荷蓮
生長在池塘等地，大型葉片以及有花朵著生的莖會浮在水面上。地下莖（地面下的莖）即是蓮藕。
■蓮科 ❋粉紅、白等 ■印度～中國等

千日紅
花朵部分可以做成乾燥花。■莧科 ■15～60cm ❋粉紅、白等 ■美洲熱帶地區

美人蕉
耐熱的花。■美人蕉科 ■50～200cm ❋黃、紅、粉紅等 ■美洲熱帶地區

紫珠
花只開一日便凋謝。■鴨跖草科 ■30～100cm ❋紫、白 ■北美洲

百合水仙
和大麗菊（→ P.62）同樣是球根植物。■六出花科 ■30～100cm ❋粉紅、紅、黃等 ■南美洲

■科名 ■尺寸 ❋花色 ■原產地

豔紅鹿子百合
花瓣上有紅色斑點。🌿百合科 ■80～180cm ✿粉紅 ■日本、中國、台灣

唐菖蒲
球根植物。🌿鳶尾科 ■60～100cm ✿紅、粉紅、黃、紫等■非洲南部

德國鳶尾
花瓣根部會長出細小的刺。🌿鳶尾科 ■30～80cm ✿紫、黃、白等 ■歐洲

玉蟬花（花菖蒲）
喜好潮濕處。🌿鳶尾科 ■40～100cm ✿粉紅、白、紫等■日本

鷺蘭
球根植物。花形長得很像「鷺鳥」。🌿蘭科 ■20～40cm ✿白 ■日本

麝香百合
可用來插花。花會橫向生長。🌿百合科■50～100cm ✿白 ■日本

香水百合
花朵大，是直徑可達20cm的百合花。🌿百合科 ■50～150cm ✿白

德國鈴蘭
花朵帶有美好的香氣。有毒。🌿天門冬科 ■15～20cm ✿白、粉紅 ■歐洲

海芋
看起來像花瓣的部位，其實是花苞（包裹住花的葉子）。🌿天南星科■30～100cm ✿黃 ■南非

睡蓮
僅有葉與花浮在水面上。🌿睡蓮科 ✿紅、白、黃等■歐洲

牽牛花的一生

牽牛花是我們身邊常見的植物之一，是旋花科的一年生草本植物。
會在夏季早晨開花，中午凋謝。

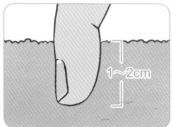

❶播種
用手指在土中挖出 1～2cm 深的植坑，放入種子，用土覆蓋住植坑。通常會在 5 月左右播種。

第 4～5 天

❷開出子葉
開出子葉（最先冒出的葉子）。2 片子葉，稱作「雙葉」。

約第 10 天

❸出現本葉
子葉開出沒多久，就會出現與子葉形狀不同的本葉。

牽牛花的培育方法

在 5 月左右播種的牽牛花，會快速地生長，7～8 月時就會開花，並且在 11 月左右凋謝。

約第 200 天

❼種子生成
花凋謝後，子房會膨脹、產生果實，中間會生成種子。

約第 85 天

❻開花
原本扭曲的花苞鬆開、開花。

約第 40 天

❹藤蔓延伸、生長
成為藤蔓的莖會纏繞彎曲、不斷延伸。藤蔓上有細毛，並且會向左纏繞彎曲。

約第 80 天

❺出現花苞
花苞會出現在葉與莖之間，並且逐漸膨脹隆起。

都市的樹木　夏

花

▲矮樹上開滿了六道木的白色小花。

海仙花（朝鮮錦帶花）

剛綻放時是白色的花，後來會轉紅。日文名稱中有「箱根」的發音，但其實並沒有生長於箱根。☑忍冬科 ▣落葉灌木 ▣1～3m ✿5～6月 ●11月 ▣本州（太平洋側）▣庭園、公園、海邊

六道木（Abelia）外

花萼形狀很像翅膀（插有羽毛的翅膀）。☑忍冬科 ▣常綠～半落葉灌木 ▣1～2m ✿5～11月 ▣中國原產 ▣公園、行道樹、庭園

尺寸 Check

齒葉冬青

雖然長得很像黃楊，但是卻沒有可作為木材的貢獻，所以日文名稱中被冠上了「犬」字（イヌツゲ）。☑冬青科 ▣常綠小喬木 ▣0.5～6m ✿6～7月 ●10～11月 ▣本州～九州 ▣公園、行道樹、庭園、山地

▲齒葉冬青的園藝品種是黃綠色的。

尺寸 Check

三菱果樹參

日文名稱方面將分裂成3瓣的葉子比喻成「天狗的隱身蓑衣」（カクレミノ）。☑五加科 ▣常綠小喬木 ▣3～8m ✿7～8月 ●10～11月 ▣本州～琉球群島 ▣公園、庭園、山地

尺寸 Check

也有未分裂的葉子隱藏在其中。

分裂成3瓣。

大葉醉魚草（醉魚草）外 毒

花朵成筒狀，花蜜在內側，蝴蝶經常聚集在此。整株皆有毒。☑玄參科 ▣落葉灌木 ▣1～3m ✿5～9月 ●11～12月 ▣中國原產 ▣公園、庭園

外 毒
凌霄

相傳是在平安時期進入日本。整株皆有毒，特別是在花朵處。☑紫葳科 ▣落葉性蔓性小喬木 ✿7～8月 ▣中國原產 ▣庭園

日本吊鐘 毒

向下綻放的花朵會吸引蜜蜂前來。也有野生的物種會生長在懸崖邊。■杜鵑花科 ■落葉灌木 ■1～2m ✿4～5月 🍎7～10月 ■本州～九州 ■公園、行道樹、庭園、懸崖

尺寸 Check

夏山茶

原本白色捲縮的花會在夏季綻放。■山茶科 ■落葉喬木 3～15m ✿6～7月 🍎9～10月 ■本州～九州 ■庭園、公園、行道樹、山地

▲葉子會在秋季轉變為紅色的日本吊鐘。

夾竹桃的毒性據說是在開花時期最強。

整株都有毒。

尺寸 Check

尺寸 Check

尺寸 Check

夾竹桃 外 毒

耐得住溫室氣體排放，所以通常會栽種在都市內。因為有劇毒，不能放入口中。■夾竹桃科 ■常綠小喬木 ■3～10m ✿6～9月 🍎10～11月 ■印度原產 ■公園、行道樹、庭園

▲梔子花的日文名稱（クチナシ），帶有「沉默不語」的意思，因為即使果實成熟，也不會裂開。

梔子花

另有重瓣物種的花，會散發出甜味。可以從果實中取得黃色色素。■茜草科 ■常綠灌木 ■1～2m ✿6～7月 🍎11～12月 ■本州～琉球群島 ■公園、庭園、樹林中

繡球花 毒

梅雨時期的代表植物，是將野生種繡球花（額繡球花）改良而成的園藝品種。◨繡球花科 ■落葉灌木 ■1〜3m ✿6〜7月 ●11〜12月 ■北海道〜九州 ■公園、行道樹、庭園

整株皆有毒。

尺寸
Check

裝飾用花朵

花

萼片

▲花萼就像花瓣一樣發達。

繡球花顏色的祕密

繡球花的花色會在花朵剛綻放與開花完成之間轉變。一般而言，剛開花時的顏色較淺，然後漸漸轉變為較深的紅色或藍色。最後，花色轉變為綠色。顏色變化雖然和植物體的物種有關，然而即便是同一種植物體，也會依生長地點的土壤成分而定。

繡球花的花具有吸收到鋁就會變藍色的性質。當土壤呈微酸性時，鋁會溶於土中，使得花朵變藍。如果是中性或是鹼性土壤，由於鋁無法溶於土壤，花就會變紅。

▶剛綻放時是淺色的花。

土壤呈酸性

土壤呈中性‧鹼性

▲變成藍花。

▲變成紅花。

橡葉繡球 外

葉子有分裂。一般栽種的是園藝品種，僅作為裝飾用花朵。◨繡球花科 ■落葉灌木 ■1〜2m ✿5〜7月 ●不結果 ■北美洲原產 ■公園、庭園

木槿 外

花分為紫色與重瓣物種。和朱槿為相同物種。■錦葵科 ■落葉灌木 ■ 1～4m ✿ 8～9月 🍎 10月 ■中國原產 ■公園、行道樹、庭園

果實

種子周邊有柔軟的毛。

尺寸 Check

尺寸 Check

九重葛 外

看起來像是花瓣，但其實是花苞（包裹住花的葉子）。■紫茉莉科 ■半蔓性灌木 ✿ 5～10月 ■南美洲原產 ■公園、庭園

紫薇 外

樹幹光滑，就連猴子都無法攀爬，日本命名為「サルスベリ」（猴子滑倒）。■千屈菜科 ■落葉小喬木 ■ 1～10m ✿ 7～8月 ■中國原產 ■公園、庭園

薔薇品種有 1萬種以上。

整株皆有毒。

苦楝 毒

冬季仍會一直有大量的果實掛在樹上，非常醒目。■楝科 ■落葉喬木 ■ 5～20m ✿ 5～6月 🍎 10～12月 ■本州～琉球群島 ■公園、行道樹、海邊

果實

薔薇

從西亞與中國原產的野生薔薇，改良成為歐洲產的品種。■薔薇科 ■落葉灌木／常綠灌木 ■ 0.1～5m ✿ 5～10月 ■公園、庭園

■科名 ■生長狀態 ■尺寸 ✿開花期 🍎結果期 ■分布地點或原產地 ■可見地點 ■食用方法 外外來物種 食可食植物 毒有毒植物

尺寸
Check

龍柏

園藝品種，經常會用來作為籬笆，但也會是造成梨赤星病（膠鏽菌）的元兇，有些地區禁止栽種。◙柏科 ■常綠喬木 ■3～15m ❀4月 ✿10月 ■北海道～九州 ■公園、行道樹、庭園

加拿利海棗 外

種植於溫暖的地區。同物種的椰棗樹，會長出甜美的果實。◙棕櫚科 ■常綠喬木 ■3～15m ❀4～6月 ✿9～11月 ■加那利群島 ■公園、行道樹、庭園

尺寸
Check

◀樟樹的葉子是青鳳蝶的食物。青鳳蝶幼蟲即使吃到樟腦成分也不會有什麼問題，所以可以獨占樟樹。

花

果實

樟樹

公園等地經常種植許多大型樟樹。樹枝可以作成「樟腦」等防蟲劑原料。 ■樟科 ■常綠喬木 ■5～20m ❀5～6月 ✿10～11月 ■本州～九州 ■公園、神社、山地

71

●三裂葉豬草
（→ P.75）

姬紅蛺蝶

●葎草（→ P.76）

稻弄蝶

中華馬蜂

●菊芋
（→ P.75）

●刺果瓜
（→ P.76）

●藜（→ P.77）

長瓣樹蟋

●澤掃帚菊
（→ P.75）

這時候許多植物已過了花期，開始結果。
種子可以藉由風或動物的力量被運送至遠方。
由於植物自己無法移動，便以此方式將子孫
傳播到新的地點。

●欅樹（→ P.39）

●北美一枝黃花（→ P.74）

●馬刀葉椎
（→ P.82）

日本紫灰蝶

●山茶花
（→ P.81）

●蒼耳（→ P.74）

西方蜜蜂

黃蝶

稻弄蝶的幼蟲

●馬刀葉椎的果實
（→ P.82）

●大狗尾草（→ P.77）

●鬼針草（→ P.75）

●知風草
（→ P.77）

●北美一枝黃花（→ P.74）

果實 | 表面
有刺

果實

蒼耳 外

果實前端的刺較大。■菊科 ■一年生草本植物 ■ 50 ～
100cm ❋ 8 ～ 11 月 ■北美洲原產 ■荒野、河岸、水田

🌿蒼耳果實是「魔鬼氈」

　　蒼耳與大蒼耳的果實被戲稱為「魔鬼氈」。
果實前端有彎刺，可以勾在動物皮毛或是毛衣等
衣服上。因為果實會從莖脫離所以可以附著在他
物上。經由人或動物碰到該果實後移動至他地，
一旦果實掉落在移動的目的地，即可在該地培育
出下一代的蒼耳。

▲蒼耳的果實黏在狗毛上，藉此被運送出去。

頭狀花序
大量小花聚生。

葉與莖粗糙
不平滑。

花

北美一枝黃花 外

藉由地下莖生長繁殖，像是有部分埋
藏在地底一樣，可以製造出廣大的群
落。■菊科 ■多年生草本植物 ■ 1 ～
2m ❋ 10 ～ 12 月 ■北美洲原產 ■路
邊、河岸

會釋放出抑制其他植物生長的物
質，預防其他物種入侵該植物群落。

北美一枝黃花的地下莖（地面下的莖）。

■科名 ■生長狀態 ■尺寸 ❋開花期 ●結果期 ■分布地點或原產地 ■可見地點 ■食用方法 外外來物種 食可食植物 毒有毒植物

菊芋 食

部分肥大化的地下莖（塊莖）可以食用，因此會被特意栽種。圖菊科■多年生草本植物■1～3m ❀8～10月■北美洲原產■路邊、河岸■塊莖（沙拉、煮湯）

莖的剖面呈四角形。

鬼針草 外

細長的果實會有3～4根向下的刺，可以勾住衣服。圖菊科■一年生草本植物■50～150cm ❀8～11月■美洲熱帶地區原產■荒野、河岸、水田

菊芋是向日葵的近似物種

◀菊芋的塊莖。口感很像馬鈴薯。

▶大狼把草（右）與鬼針草比較起來，包裹住花的總苞較長。

爵床

從夏季到秋季，都會開出紫色、唇形狀的小花。圖爵床科 ■一年生草本植物■10～40cm ❀8～11月■本州～九州■草地、堤防

◀雄花被盤子狀的總苞包裹著。

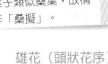
雄花

總苞
包裹住花的葉子。

葉子類似桑葉，故稱作「桑擬」。

雄花（頭狀花序）

三裂葉豬草 外

秋季會散布大量的花粉，是造成花粉症的原因之一。圖菊科■一年生草本植物■1～2.5m ❀8～10月■北美洲原產■路邊、河岸

雌花

◀雌花附著在葉子根部。

花

澤掃帚菊 外

莖上半部如掃帚般、有細小的分枝。圖菊科■一年生草本植物■50～100cm ❀8～10月■北美洲原產■路邊、河岸

花朵著生在莖部的角度為60～90度。

葉子分裂成3～5瓣，有如手掌狀。

會長成超過
手掌的大小。

刺果瓜 外
會長出一坨坨布滿細長尖刺的果
實。■葫蘆科 ■一年生蔓性草本植
物 ✤ 8～9月 ■北美洲原產 ■路
邊、荒野、河岸

囂張的刺果瓜

　　刺果瓜會延伸出長長的藤蔓，大
片的葉子則會覆蓋住地面。1952 年左
右，日本方面確認已與自美國輸入的
大豆種子雜交，被認為是最早的物種
入侵。刺果瓜成熟後才摘除會相當麻
煩，必須趁小摘除。即使摘除，由於
發芽時間較長，還會不斷地發芽，必
須有耐心地持續去除才行。

▲被刺果瓜覆蓋住的整面河川用
地與空地。

雄花

雌花

花

葉子正面背
面都有毛。

水蛇麻
附著在葉子側邊的不平
滑物質是聚生一起的小
果實。■桑科 ■一年生
草本植物 ■30～60cm
✤ 8～10月 ■本州～琉
球群島 ■路邊、旱田

果實密集生
長在一起。

葎草
雌雄異株。莖與葉上有許多堅
硬的毛，觸碰時會覺得粗糙。
■大麻科 ■一年生蔓性草本植物
✤ 8～10月 ■北海道～九州
路邊、河岸、荒野

雄花　　　雌花

鐵莧菜
一根草上有紅褐色的雄花穗，以
及位在總苞（由包裹住花的葉子
轉變而來）上的雌花。■大戟科
■ 一 年 生 草 本 植 物 ■ 30 ～
50cm ✤ 8 ～ 10 月 ■日本全國 ■
路邊、旱田

雞眼草
只要用手拔葉子，一定會斷成「箭
尾」形狀（Ｖ字形）。■豆科 ■一年
生草本植物 ■15～40cm ✤ 8～10
月 ■日本全國 ■草地、河岸

箭尾狀

■科名 ■生長狀態 ■尺寸 ✤開花期 ●結果期 ■分布地點或原產地 ■可見地點 ■食用方法 外外來物種 食可食植物 毒有毒植物

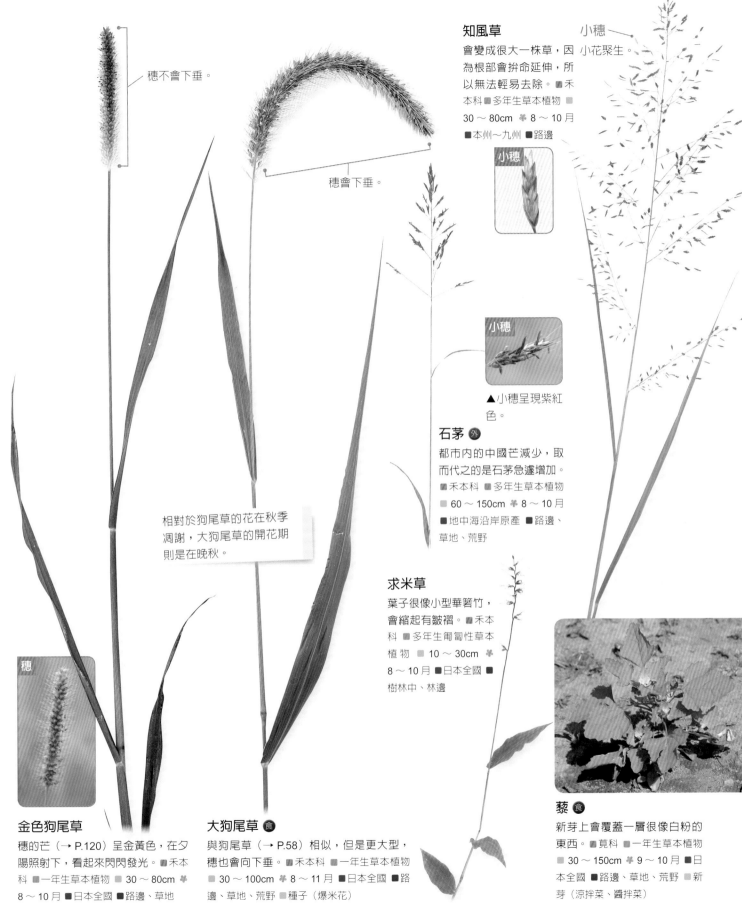

穗不會下垂。

穗會下垂。

知風草
會變成很大一株草，因為根部會拚命延伸，所以無法輕易去除。◪禾本科■多年生草本植物■30～80cm ✿8～10月■本州～九州■路邊

小穗→
小花聚生。

小穗

小穗

▲小穗呈現紫紅色。

石茅 外
都市內的中國芒減少，取而代之的是石茅急遽增加。◪禾本科■多年生草本植物■60～150cm ✿8～10月■地中海沿岸原產■路邊、草地、荒野

相對於狗尾草的花在秋季凋謝，大狗尾草的開花期則是在晚秋。

求米草
葉子很像小型華箬竹，會縮起有皺褶。◪禾本科■多年生匍匐性草本植物■10～30cm ✿8～10月■日本全國■樹林中、林邊

穗

金色狗尾草
穗的芒（→P.120）呈金黃色，在夕陽照射下，看起來閃閃發光。◪禾本科■一年生草本植物■30～80cm ✿8～10月■日本全國■路邊、草地

大狗尾草 食
與狗尾草（→P.58）相似，但是更大型，穗也會向下垂。◪禾本科■一年生草本植物■30～100cm ✿8～11月■日本全國■路邊、草地、荒野■種子（爆米花）

藜 食
新芽上會覆蓋一層很像白粉的東西。◪莧科■一年生草本植物■30～150cm ✿9～10月■日本全國■路邊、草地、荒野■新芽（涼拌菜、醬拌菜）

景觀植物 秋·冬

秋季可以看到自夏季一路綻放過來的花卉植物,以及春季播種植物開花的模樣。冬季寒冷時期的景觀植物中,仍有一些很耐寒的植物會開花。冬天的花草大多是採用盆栽型態,將這些植物搬進室內,可供人們長時間欣賞。

大波斯菊(秋英)
秋季綻放的代表性花卉。 ■菊科 ■50～200cm ✿粉紅、紅、白等 ■墨西哥

菊
有單瓣與重瓣物種。 ■菊科 ■30～150cm ✿黃、粉紅、白、紫等 ■中國

多花型菊(Spray mums)
莖部有分枝,會開出5～7朵花。 ■菊科 ■30～80cm ✿白、粉紅、黃、紫等

紫菀
平安時代即栽種作為觀賞用植物。 ■菊科 ■50～200cm ✿黃、藍紫等 ■日本、朝鮮半島等

孔雀菊
葉的分裂情形比秋英來得些微。 ■菊科 ■30～100cm ✿橘、黃等 ■墨西哥

一串紅(緋衣草)
花瓣很快就會凋落。花萼也帶有紅色。 ■唇形科 ■20～90cm ✿紅、白、紫等 ■巴西

隨意草
筒狀花序會在莖上排成4列。 ■唇形科 ■20～100cm ✿粉紅、白等 ■美國

仙客來
球根植物,花會向下綻放。 ■報春花科 ■10～50cm ✿粉紅、紅、白等 ■西亞

棉花
種子的毛絮可做成棉布或線(棉線)。 ■錦葵科 ■80～150cm ✿黃 ■印度、非洲

秋海棠
有雄花與雌花。 ■秋海棠科 ■30～60cm ✿粉紅、白等 ■中國、馬來半島

伽藍菜（長壽花）
葉肉厚實。■景天科 ■15～30cm ✿橘、粉紅、黃等■馬達加斯加

蟹爪蘭
會在扁平的綠莖前端開出花朵。■仙人掌科 ■30～60cm ✿紅、粉紅、黃等■巴西

雞冠花
日文名稱（ケイトウ）的發音帶有雞冠的意思。■莧科 ■20～120cm ✿紅、黃等■印度、亞洲熱帶地區

雁來紅
特徵是會綻放出紅色與黃色交錯的美麗葉子。■莧科 ■60～150cm■亞洲熱帶地區

小白頭翁（打破碗花花）
日文名稱中雖然有菊（シュウメイギク），但其實是銀蓮花（→P.36）的近似物種。■毛茛科 ■30～100cm ✿粉紅、白等■中國等

雪花蓮
花莖上只會有一朵白花向下綻放。■石蒜科 ■5～25cm ✿白■東歐

秋水仙
球根植物。■秋水仙科 ■5～30cm ✿粉紅、白等■歐洲等

萬年青
葉子一整年都是綠色的，被認為是帶有吉兆的植物。■天門冬科 ■20～50cm■日本

觀賞用蘭花

觀賞用的蘭科植物當中，也有明治時代以後才自歐洲或美國傳入日本的蘭花，原產地是南非、東南亞、印度等。經過多次的品種改良，現在已經有各式各樣的種類（品種）。

嘉德麗雅蘭

文心蘭

虎頭蘭

蝴蝶蘭

石斛蘭

都市植物 秋·冬

珊瑚樹
一到秋季,帶有果實的樹枝也會跟著染上紅色。■忍冬科 ■常綠小喬木 ■3～10m ❀6月 🍎8～10月 ■本州～琉球群島 ■公園、行道樹、海邊

八角金盤 [毒]
葉與根部都有毒。花蜜很多,常有食蚜蠅等昆蟲聚集。■五加科 ■常綠灌木 ■1～3m ❀11～12月 🍎4～5月 ■本州～琉球群島 ■公園、庭園、山地

鐵冬青
與冬青類似,但是果實小巧、繁多。■冬青科 ■常綠喬木 ■5～20m ❀6月 🍎11～12月 ■本州～琉球群島 ■公園、行道樹、山地

丹桂 [外]
日本當地的丹桂幾乎都是雄株,不會結果。中國方面會用來增加酒的香氣。■木樨科 ■常綠小喬木 ■3～6m ❀10月 ■中國原產 ■庭園、公園、行道樹

花朵會散發出強烈的香味。

也有開白花的丹桂。

果實 細長。

帶有硫磺氣味。

日本女貞
日文名稱──「ネズミモチ」是因為果實長得像老鼠糞便而得名。■木樨科 ■常綠小喬木 ■2～5m ❀6～7月 🍎11～12月 ■本州～琉球群島 ■公園、行道樹、庭園、山地(野生)

揉捏葉子會發出果香。

柊樹
因葉子呈刺狀而聞名,但是老欉大多為圓葉。■木樨科 ■常綠小喬木 ■2～8m ❀11～12月 🍎6～7月 ■本州～琉球群島 ■公園、庭園、山地

硃砂根

日文名稱為「万兩（マンリョウ）」，因為兆頭好，經常用於年節裝飾。■報春花科 ■常綠小灌木 ■30～100cm
❀7～8月 ●11～4月 ■本州～琉球群島 ■公園、庭園、山地

尺寸 Check

用紅色吸引鳥類

為什麼樹木上的果實大多是紅色的呢？因為果實中有種子。植物為了留下子孫，就必須讓鳥類等動物，將種子運送到遠方。由於紅色在綠色較多的自然界當中特別醒目。所以植物就採用紅色讓自己變得醒目，以便將「這裡有好吃的果實唷！」的訊號發送給鳥類。

◀正在啄食山桐子（→P.164）果實的栗耳短腳鵯。

筆柿 外 食

果實有2種，分為不苦的「甜柿」與苦澀味較強的「澀柿」。■柿樹科 ■落葉喬木
■5～15m ❀5～6月 ●10～11月 ■東亞原產 ■庭園 ■新芽（天婦羅、茶）、果實（生吃、柿乾）

尺寸 Check

山茶花

晚秋時會綻放白色或是粉紅色的花，凋謝時，花瓣會一片一片地飄落。■山茶科 ■落葉小喬木 ■2～6m ❀10～12月 ●7～11月 ■本州～琉球群島 ■公園、行道樹、庭園、山地

尺寸 Check

◀也有紅色的園藝品種。

果實

被紅色假種皮包圍住的種子。

尺寸 Check

厚皮香

葉子有光澤，嫩葉上帶有紅色。夏季會綻放白色的花。■五列木科 ■常綠喬木 ■3～15m
❀6～7月 ●10～11月 ■本州～琉球群島 ■公園、行道樹、庭園、海邊

實際尺寸

花帶有香甜味。

有厚實感。

枳（枸橘）外食

可用來當作圍牆。葉子由3片小葉組合而成。■芸香科 ■落葉灌木 ■1～3m ✿4～5月 ●10月 ■中國原產 ■公園、庭園 ■果實（水果酒）

尺寸Check

帶有美好的香氣。

果實

枳（枸橘）和甜橙經由細胞融合後的雜交品種「枳橙」。

尖銳的刺。

實際尺寸

🍃紅頭伯勞習慣展示獵物

紅頭伯勞這種鳥類會有將捕獲而來的獵物掛在樹枝上的習慣。不確定牠們是否是為了要保存食物。經常會在具有尖刺的枳樹上看到這般情形。

▶枳的尖刺上掛著一隻蜥蜴。

有凹洞。

尺寸Check

厚葉石斑木

初夏時期會開出像梅花的白花。■薔薇科 ■常綠灌木 ■1～3m ✿4～6月 ●10～12月 ■本州～琉球群島 ■公園、行道樹、海邊

假種皮

果實
種子有毒。

三角槭外

葉子會分裂成3瓣的楓屬植物，經常栽種作為行道樹。■無患子科 ■落葉喬木 ■5～20m ✿4～5月 ●5～11月 ■東亞原產 ■公園、行道樹

尺寸Check

翅果
作用如羽毛般，可以讓種子乘風飄散出去。

烏桕 外毒

葉子呈菱形，會在秋季轉變成紅色。種子上包覆著白色蠟質的假種皮。■大戟科 ■落葉喬木 ■5～15m ✿7月 ●10～11月 ■中國原產 ■公園、行道樹

尺寸Check

尺寸Check

馬刀葉椎食

枝頭上會長出好幾顆紅褐色的橡實。■殼斗科 ■常綠喬木 ■5～15m ✿6月 ●10～12月 ■本州～琉球群島 ■公園、行道樹、海邊 ■果實（生吃、煎炒）

■科名 ■生長狀態 ■尺寸 ✿開花期 ●結果期 ■分布地點或原產地 ■可見地點 ■食用方法 外外來物種 食可食植物 毒有毒植物

尺寸
Check

尺寸
Check

紅果金粟蘭

和硃砂根（→ P.81）一樣，被視為春節的幸運裝飾物。■金粟蘭科 ■常綠小灌木 ■ 40 ～ 100cm ✿ 6 ～ 7 月 🍎 12 ～ 3 月 ■本州～琉球群島 ■公園、庭園

尺寸
Check

衛矛 毒

果實與種子上有毒。葉子到秋季會轉變成鮮豔的紅色。■衛矛科 ■落葉灌木 ■ 1 ～ 3m ✿ 5 ～ 6 月 🍎 10 ～ 11 月 ■北海道～九州 ■公園、庭園、林邊、山地（野生）

翅
板狀突起。

被假種皮包裹住的種子。

南天竹

紅色果實中具有可作為藥物的成分，是治療喉嚨症狀的藥物原料。■小檗科 ■常綠灌木 ■ 0.3 ～ 2m ✿ 5 ～ 6 月 🍎 11 ～ 2 月 ■本州～九州 ■公園、庭園

蠟梅的花香，是由花朵上富含的精油成分所產生。

尺寸
Check

尺寸
Check

銀杏 外 食 毒

自恐龍時期留存下來的裸子植物。葉子與樹幹皆有毒，過度食用銀杏果（種子），會對身體有害。■銀杏科 ■落葉喬木 ■ 5 ～ 30m ✿ 4 ～ 5 月 🍎 10 ～ 11 月 ■中國原產 ■公園、行道樹 ■種子（煎炒）

銀杏果

種子帶有特殊的氣味。

蠟梅 外 毒

會開出如蠟雕刻作品般、帶有香味的黃花。種子與葉子有毒。■蠟梅科 ■落葉灌木 ■ 1 ～ 3m ✿ 1 ～ 2 月 🍎 9 ～ 10 月 ■中國原產 ■公園、庭園

紅灰蝶

七星瓢蟲的幼蟲
（正在吃蚜蟲）

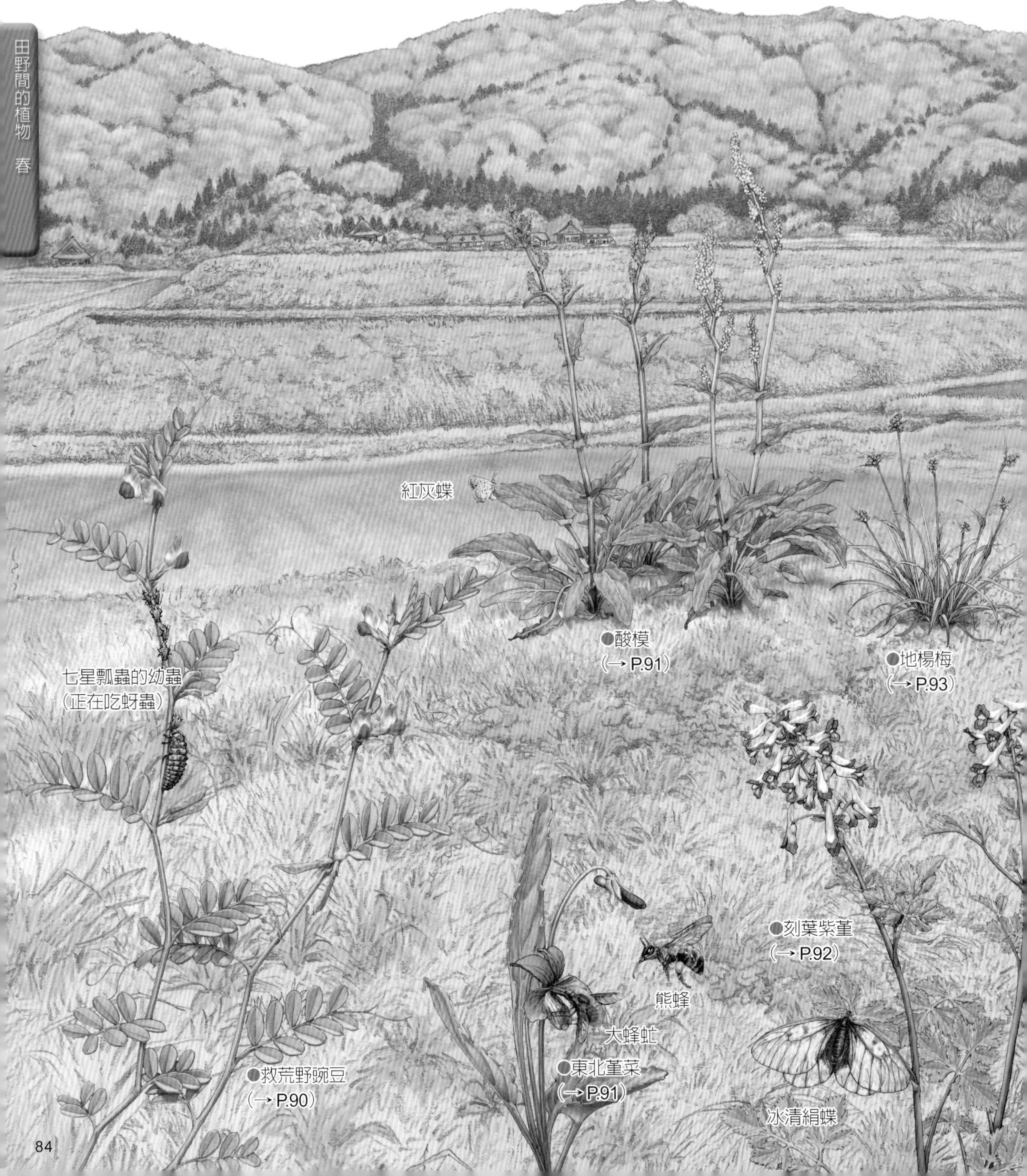

●酸模
（→ P.91）

●地楊梅
（→ P.93）

●刻葉紫菫
（→ P.92）

熊蜂

大蜂虻

●東北菫菜
（→ P.91）

冰清絹蝶

●救荒野豌豆
（→ P.90）

水田畔的日照良好，又有營養豐富的土壤，
一進入春季，許多植物都會冒出芽來。
5 月左右會進行耕田作業，水稻可以在春季
日光下生長。

鳳蝶

東北矍眼蝶

●細葉鼠麴草
（→ P.86）

黃鳳蝶

姬紅蛺蝶

●白茅（→ P.92）

●剪刀股
（→ P.86）

●水芹（→ P.96）

●水稻
（→ P.122）

●齒葉苦蕒菜
（→ P.87）

●金錢薄荷
（→ P.87）

日本山蟻

●鵝腸菜
（→ P.91）

●蜂斗菜
（→ P.87）

田野間的草花植物 春

剪刀股

群生於田間小路等處，莖會蔓延生長於地面。莖切開後，會流出白色的液體。■菊科 ■多年生匍匐性草本植物 ■10～20cm ✿3～6月 ■日本全國 ■水田、草地

花莖會分枝。

匙狀的葉子。

細葉鼠麴草（父子草）

小型、不顯眼的草，日文名稱與鼠麴草（母子草）（→ P.26）相呼應。■菊科 ■多年生草本植物 ■15～30cm ✿4～10月 ■日本全國 ■草地、採伐地

背面有棉毛。

總苞（如葉子般包裹住聚生的小花）黏在一起。

頭狀花序
大量小花聚生。

分辨方法

開花期的簇生化（→ P.167）

沒有　　有

簇生化

▲鼠麴草　　▲細葉鼠麴草

稻槎菜 食

春季七草（→ P.46）之一的「寶蓋草」。經常可在耕田之前的水田處看到。■菊科 ■多年生草本植物 ■5～20cm ✿3～5月 ■本州～九州 ■水田 ■嫩苗（七草粥）

大薊 食

是唯一會從春季持續開花到夏季的日本產薊屬植物。■菊科 ■多年生草本植物 ■50～100cm ✿4～6月 ■本州～九州 ■草地、堤防 ■新芽（涼拌菜、天婦羅）

泥糊菜

常見於田間小路等處。頭狀花序僅會長出管狀花（筒狀的花）。■菊科 ■多年生草本植物 ■60～120cm ✿4～5月 ■本州～琉球群島 ■水田、旱田、路邊

葉子分裂成羽毛狀。

前端沒有尖刺。

前端有尖刺。

日本產的薊屬植物有 150 種以上！世界上還有非常多特別的種類。

■科名 ■生長狀態 ■尺寸 ✿開花期 ✿結果期 ■分布地點或原產地 ■可見地點 ■食用方法 外外來物種 食可食植物 毒有毒植物

莖直立。

食用蕗薹時，必須先去除浮
沫。也要避免過度食用！

頭狀花序

齒葉苦蕒菜

切開莖或葉會流出白色、苦
澀的汁液。◙菊科■多年生草
本植物 ■20～50cm ✽4～6
月 ■日本全國 ■草地、堤防

▲從北海道分布至
東北地方的秋田蕗
（蜂斗菜）可以長
到1～2m。

葉

貓耳菊 外

看起來很像蒲公英，但是花莖
有分枝，並且有數個頭狀花序
聚生。◙菊科■多年生草本植物
■30～80cm ✽4～7月 ■歐
洲原產 ■草地、路邊

朝同一方
向綻放。

花會開在葉
子根部。

金錢薄荷 食

莖會蔓延在地面上，帶著一股穿越圍
牆的氣勢，不斷地延伸。■唇形科 ■
多年生匍匐性草本植物 ■5～25cm ✽
3～5月 ■北海道～九州 ■草地、路邊、
河岸 ■莖‧葉（天婦羅、涼拌菜）

黃芩

花的上半部有雄蕊與雌蕊，可
以確實讓接近的昆蟲沾上花
粉。■唇形科 ■多年生草本植物
■20～40cm ✽4～6月 ■本
州～九州 ■草地、路邊

地下莖

葉柄
只有葉子
附著其上
的莖。

蜂斗菜 食

雌雄異株。蜂斗菜的嫩莖稱作「蕗
薹」，可食用。◙菊科■多年生草本植
物 ■15～50cm ✽3～4月 ■本州～琉
球群島 ■草地、路邊 ■嫩莖（天婦羅）、
莖‧葉（烹煮、醬煮）

匍莖通泉草

和通泉草（→ P.27）非常類似，但是匍莖通泉草的莖會橫向擴大生長。花也會長得比通泉草更大。

■透骨草科
■多年生匍匐性草本植物
■5 ～ 15cm ❀ 3 ～ 5月
■本州～九州
■水田、草地

分辨方法

整體外觀

會長出匍匐性的莖　　不會長出匍匐性的莖

▲匍莖通泉草　　▲通泉草

會長出匍匐性的莖（橫長的莖），並且在地面擴散。

櫻草 毒

在江戶時代被作為園藝用，而出現各式各樣的品種。觸碰到葉與花萼會出現接觸性皮膚炎症狀。■報春花科
■多 年 生 草 本 植 物 ■15 ～
40cm ❀ 4 ～ 5月
■北海道、本州、九州
■河岸、濕地

傾斜向上生長。

四葉葎

四片葉子看起來像是呈環狀排列。■茜草科
■多年生草本植物 ■20 ～ 50cm ❀ 5 ～ 6月
■北海道～九州 ■路邊、林邊

🌿 昆蟲看到的世界

　　為什麼昆蟲都知道花蜜在哪裡呢？那是因為昆蟲看得見那道我們人類看不見的光。

　　我們人類只能夠在太陽光線中，看到一部分可視光線的光。但是，太陽光線當中還有一些我們看不見的、稱作紫外線與紅外線的光。

　　事實上，昆蟲的眼睛能夠看到紫外線。花朵中心含有花內蜜腺的地方非常容易吸收紫外線，所以昆蟲會覺得那邊的顏色特別深。昆蟲之所以可以看到那樣的狀況，一般認為是植物為了向昆蟲宣傳「這裡有花蜜喔！」。

▲人類看到的蒲公英畫面。

▲昆蟲看到的花色想像畫面。昆蟲會覺得花朵中心的顏色特別深。然而，究竟昆蟲看到的是何種顏色，人類無從而知。

西洋菜 外 食
經常以「豆瓣菜」的菜名食用。野
生於各地水池邊。◪十字花科 ■多年
生草本植物 ■30～50cm ❀4～5月
■歐洲原產 ■水邊、水中 ■莖‧葉
（天婦羅、涼拌菜）

莓葉委陵菜
從植物體根部長出葉子，有5～9
片小葉，莖部會匍匐生長於地面。
■薔薇科 ■多年生草本植物 ■5～
30cm ❀4～5月 ■北海道～九州 ■
草地、林邊

濕生葶藶
與蔊菜（→P.53）類似，但是果實短胖，
近似於花柄長度。 ■十字花科 ■一～二年生
草本植物 ■20～50cm ❀3～10月 ■日本
全國 ■水田、荒野、河岸

> 果實成熟後，原本包覆著種子的果實
> 外皮就會裂開，種子四處飛散。

果實長度有1～2cm，
會向上挺起。

彎曲碎米薺（焊菜）食
會在水稻稻殼浸種時期開花，故日本方面將
其命名為「タネツケバナ」。◪十字花科 ■一～
二年生草本植物 ■15～30cm ❀2～5月 ■日
本全國 ■水田、濕地 ■新芽（涼拌菜、天婦羅）

果實 **分辨方法**
短 細長
▲濕生葶藶 ▲蔊菜

果實

▲布滿地面的蛇莓

◀5～6月時會結果

莖部會匍匐
於地面。

蛇莓
真正的果實表面充滿顆粒，其中變大
隆起的是花托筒（→P.168）■薔薇科
■多年生草本植物 ■4～7cm ❀3～6
月 🍎5～6月 ■日本全國 ■水田、濕地

果實不酸不甜，無味。

花長在葉子基部。

葉軸前端有藤蔓蔓延。

果實

救荒野豌豆,坊間又稱「嗶嗶豆」。果實可以做成笛子。

紫雲英 外 食

以往栽培用來當作水田的綠肥。
■豆科 ■二年生草本植物 ■ 10 ～ 25cm ✽ 4 ～ 6 月 ■中國原產 ■水田 ■新芽・花（天婦羅、涼拌菜）

花瓣有白色與粉紅色交雜。

花

救荒野豌豆 食

日文名稱中有「カラス（烏鴉）」,因為果實成熟後會變得漆黑。■豆科 ■一～二年生蔓性草本植物 ✽ 3 ～ 5 月 ■本州～琉球群島 ■草地、路邊、堤防 ■新芽（天婦羅、涼拌菜）、嫩果實（天婦羅）

紫雲英的花蜜可以成為蜂蜜的原料。

根上長瘤的豆科植物

「根瘤菌」這種菌種會在豆科植物的根部生活著。植物生長需要氮氣。一般的植物會從土中吸收氮氣,而根瘤菌會抓取空氣中的氮氣,提供給豆科植物。豆科植物則將養分提供給根瘤菌,這樣的關係稱作「共生」,所以即使豆科植物處於氮氣較少的土壤,亦可藉助根瘤菌的幫忙,繁榮生長。

▲根瘤菌會在植物根部製造出瘤狀物,並且棲息在其中。

苞
包裹住花的葉子。

花序
小花聚生。

整株皆有毒。

小巢菜

花比救荒野豌豆來得小,呈紫色。■豆科 ■一～二年生蔓性草本植物 ✽ 3 ～ 5 月 ■本州～琉球群島 ■草地、路邊、堤防

澤漆 毒

花序上有雄花與雌花,整體呈現鮮豔的黃綠色,非常醒目。■大戟科 ■二年生草本植物 ■ 20 ～ 40cm ✽ 3 ～ 5 月 ■本州～琉球群島 ■草地、堤防

董菜科在日本有 50 種以上的近似物種,可以在不同地區看到不同物種。

短毛董菜

依個體不同,有深紫色與淺紫色的差異。夏季葉子會變大。■董菜科 ■多年生草本植物 ■ 5 ～ 15cm ✽ 3 ～ 4 月 ■北海道～九州 ■草地、林邊

■科名 ■生長狀態 ■尺寸 ✽開花期 ✽結果期 ■分布地點或原產地 ■可見地點 ■食用方法 外外來物種 食可食植物 毒有毒植物

側瓣
兩側的花瓣

葉子從根部向
上挺起。

儲存花蜜的距
從蜜腺分泌出
來的花蜜會放
在花朵深處的
刺狀突起物
中，該處稱作「距」。能夠吸
取該花蜜的是嘴巴很長的花蜂
（→ P.28）。花蜂會把頭伸入
花朵內部，剛好也藉此幫助東
北菫菜授粉。

東北菫菜 食
日本菫菜的代表種。花呈深紫
色，側瓣有白色的毛。 ◨菫菜
科 ◨多年生草本植物 ◨ 10 ～
15cm ❀ 4 月 ◨北海道～九州 ◨
草地、路邊、堤防 ◨新芽（涼拌
菜、湯配料）

▶ 雌花形狀是
由許多細線
（柱頭）聚集
而成。

果實

酸模 食
雌雄異株。葉子帶有酸味。是紅
灰蝶的食物。 ◨蓼科 ◨多年生草本
植物 ◨ 30 ～ 100cm ❀ 4 ～ 10 月
◨北海道～九州 ◨草地、堤防 ◨新
芽（涼拌菜、湯配料）

匐菫菜（如意草）
生長在潮濕環境，會開出很多白色小
花，莖向上挺起。◨菫菜科 ◨多年生
草本植物 ◨ 5 ～ 20cm ❀ 4 ～ 5 月 ◨
北海道～九州 ◨水田、濕地

分辨方法

柱頭

5 根

3 根

▲ 鵝腸菜

▲ 綠繁縷

鵝腸菜 食
與綠繁縷（→ P.32）相似，但是鵝腸菜的形體較大，雌蕊有 5
根柱頭。◨石竹科 ◨二～多年生草本植物 ◨ 20 ～ 70cm ❀ 4 ～ 10
月 ◨日本全國 ◨草地、路邊、河岸 ◨新芽（涼拌菜、湯配料）

▲ 莖很長、很高。

洋牡丹 毒
會開出重瓣的花，稱作「毛茛」。整株皆有毒。■毛茛科 ■多年生草本植物 ■30～70cm ✿3～5月 ■日本全國 ■草地、山地

鉤柱毛茛 毒
會長出帶有黃色光澤的花。整株皆有小毒。■毛茛科 ■多年生草本植物 ■30～60cm ✿4～7月 ■日本全國 ■水田、濕地、水邊

穗

▲雄蕊會由黃白色（下方）轉變成茶褐色（上方）。

花

看麥娘
可以拔起穗部製成草笛，又稱作「嗶嗶草」。■禾本科 ■一～二年生草本植物 ■20～40cm ✿3～5月 ■北海道～九州 ■水田、濕地

放有花蜜的距。

刻葉紫菫 毒
果實成熟後會裂開，使種子飛出。此外，種子也會被螞蟻搬運。■罌粟科 ■二年生草本植物 ■20～50cm ✿3～5月 ■日本全國 ■草地、林邊

葉子柔軟，沒有毛。

果實聚生而成的聚合果。

有光澤。

蓬鬆的感覺。

整株皆有毒。

▲每顆種子上都有棉毛，可以乘風飛翔。

石龍芮 毒
葉與花皆帶有強烈的光澤感。浸在水裡會像睡蓮一樣，出現浮葉。■毛茛科 ■二年生草本植物 ■15～50cm ✿3～5月 ■日本全國 ■水田、濕地、水邊

整株皆有毒。

白茅
白茅的嫩穗稱作「茅針」，其根部吃起來帶有些微甜味。■禾本科 ■多年生草本植物 ■30～80cm ✿4～6月 ■日本全國 ■草地、堤防

■科名 ■生長狀態 ■尺寸 ✿開花期 ●結果期 ■分布地點或原產地 ■可見地點 ■食用方法 外來物種 可食植物 毒有毒植物

花序 —— 大量小花聚生。

地楊梅
葉緣有白色長毛，非常醒目。種子會被螞蟻搬運。
◪燈心草科 ◾多年生草本植物 ◾10～30cm ❀4～5月 ◾日本全國 ◾草地、堤防

預防和自己的花粉授粉
一朵花上同時擁有雄蕊與雌蕊的兩性花，會有雄蕊與雌蕊「同時成熟」，以及「不同時成熟」等情形。地楊梅屬於後者，稱為「雌雄異熟花」。因為如果同時期成熟，可能會和自己的花粉進行授粉。為了與其他的個體交配，雄蕊與雌蕊必須努力錯開成熟期，避免花粉附著到自己的雌蕊上。

▶ 首先，雌蕊的柱頭會延伸拉長，與其他個體的花粉授粉。
◀柱頭緊縮後，雄蕊的花萼才出現。

石菖蒲
莖部前端有10cm左右細長、淺黃色的花序。◪菖蒲科 ◾多年生草本植物 ◾10～40cm ❀4～5月 ◾本州～九州 ◾水邊

田野間的樹木 春

◀未成熟的果皮及葉子有毒

尺寸 Check

日本榿木
平原地區濕地林內的代表性木本植物。◪樺木科 ◾落葉喬木 ◾5～20m ❀2～4月 ◾10月 ◾日本全國 ◾濕地、水邊

尺寸 Check

日本核桃 食 毒
種子可食用，被果肉與堅硬的殼包裹著。◪胡桃科 ◾落葉喬木 ◾7～15m ❀4～5月 ◾9～10月 ◾北海道～九州 ◾河岸 ◾種子（生吃、煎炒）

尺寸 Check

刺槐（洋槐）外
樹枝上有尖銳的刺。花蜜可以成為蜂蜜的原料。◪豆科 ◾落葉喬木 ◾5～15m ❀5～6月 ◾10月 ◾北美洲原產 ◾荒野、河岸

尺寸 Check

貼梗海棠 食
野生種的貼梗海棠（→P.40），花為朱紅色。果實大、呈黃色，且帶有美好的香氣。◪薔薇科 ◾落葉小灌木 ◾30～100cm ❀4～5月 ◾7～9月 ◾本州～九州 ◾草地、堤防 ◾果實（水果酒）

田野間的植物 夏

●虎杖
（→P.102）

●天香百合
（→P.105）

黑鳳蝶

無霸勾蜓

●龍牙草（→P.99）

熊蜂

●萱草（→P.105）

●歪頭菜（→P.99）

豔金龜幼蟲

進入夏季，田埂上許多植物都欣欣向榮地生長著。春季時種植在田中的水稻，到了夏季已經長得高大，遠看就像是一整面的綠地毯。

仲夏蜻蜓

小環蛺蝶

●和牛膝（→ P.101）

●星宿菜（→ P.98）

●千屈菜
（→ P.100）

●合萌（→ P.99）

小翅稻蝗

●水稻
（→ P.122）

●水芹（→ P.96）

●浮萍（→ P.196）

●野慈姑（→ P.105）

黃鳳蝶的幼蟲

水蠆

平家螢

田
野
間
的
植
物

夏

到了冬季，植物會以簇生化
（→ P.167）的狀態過冬。切開
葉子會流出白色液體。

日本毛連菜

莖部與葉子上有許多褐色的硬毛，
摸起來感覺粗糙。■菊科 ■二年生
草本植物 ■ 30 ～ 80cm ✽ 5 ～ 8 月
■北海道～九州 ■草地、荒野、堤防
■新芽（涼拌菜、天婦羅）

頭狀花序中約有
30 個小花（小型
的花）聚生。

莖與葉上
有硬毛。

葉

桔梗 毒

是經常栽種的植物之一，不過野生的
桔梗已瀕臨絕種。整株皆有毒，但是
根部可作為藥材。■桔梗科 ■多年生
草本植物 ■ 30 ～ 100cm ✽ 7 ～ 9 月
■北海道～九州 ■草地、庭園

花

天胡荽

會在有些陰濕的地方露出節到根部，
會匍匐、布滿地面。■五加科 ■多年
生匍匐性草本植物 ■ 2 ～ 5cm ✽ 6 ～
10 月 ■本州～琉球群島 ■路邊

▶嫩芽可以食用。

可以生長到約 1.5m，日本慣用語中有
句「ウドの大木」（獨活大樹），但
其實九眼獨活並不是真正的樹。

大量的紫色
果實著生。

九眼獨活 食

嫩莖長得柔軟，可以當作蔬菜食用。■五
加科 ■多年生草本植物 ■ 0.7 ～ 1.5m ✽ 8 ～
9 月 ■北海道～九州 ■林邊、採伐地 ■新芽
（涼拌菜、天婦羅）

放射狀延伸的花柄（花柄
上僅有從莖開始分枝的
花）前端有花朵著生。

半邊蓮 毒

莖會匍匐在地面，並且群
生到把水溝遮蓋住。整株
皆有毒。■桔梗科 ■多年
生匍匐性草本植物 ■ 5 ～
15cm ✽ 6 ～ 10 月 ■日本
全國 ■水田、濕地

水芹 食

春季七草（→ P.46）之一，葉與莖
帶有美好的香氣。■繖形科 ■多年生
草本植物 ■ 20 ～ 70cm ✽ 7 ～ 8 月 ■
日本全國 ■水田、濕地、水邊 ■新芽
（涼拌菜、湯配料、煎炒）

■科名 ■生長狀態 ■尺寸 ✽開花期 ●結果期 ■分布地點或原產地 ■可見地點 ■食用方法 ⚠外來物種 食可食植物 毒有毒植物

莖的切口成
四角形。

▲乾枯的夏枯草可
用作中藥藥材。

夏枯草 ●夏

開花之後，到了夏季穗就會枯萎變黑，非常
醒目，所以稱作「夏枯草」。■唇形科 ■多
年生草本植物 ■ 20～40cm ❀ 6～8 月 ■北海
道～九州 ■草地、堤防 ■新芽（涼拌菜、天婦
羅）

附著在植物根上的菌種

許多植物的根部都住著稱作「叢
枝菌根真菌（AMF 或 AM）」的特殊菌
種。這種菌會幫助植物吸收土壤中的養
分（磷）以及水分，對於預防植物染病
很有幫助，它們也可以從植物身上獲取
生長所需的葡萄糖等養分（共生）。

植物藉由與叢枝菌根真菌的互助，
變得不怕乾燥，即使在肥料較少的土地
亦可生長。

叢枝菌根
真菌

水分

磷

進入植物根部的叢枝菌根真菌（深藍
色部分）

陌上草

葉子呈橢圓形且有 3 條葉脈，
相當醒目。莖的斷面成四角形。

■母草科 ■一年生草本植物 ■ 5～
15cm ❀ 6～10 月 ■本州～九州
■水田、濕地

花

沒有鋸齒（葉緣
呈鋸齒刺狀）。

葉　分辨方法

有鋸齒　　　沒有鋸齒

▲美洲母草　　▲陌上草

美洲母草 ●外

和陌上草類似的水田雜草，葉子呈
鋸齒狀。■母草科 ■一年生草本植
物 ■ 10～30cm ❀ 6～10 月 ■北
美洲原產 ■水田、濕地

由上往下觀
察葉子，呈
現十字形。

◀葉緣有小花
密集著生。

地筍

白色粗壯的地下莖（地面下的莖）
橫向延伸。■唇形科 ■多年生草本植
物 ■ 0.7～1.5m ❀ 7～9 月 ■北海
道～九州 ■濕地、水邊

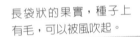

長袋狀的果實，種子上
有毛，可以被風吹起。

田野間的植物　夏

日本牛皮消 食

莖或葉受傷時會滴出白色液體。■蘿藦科 ■多年生蔓性草本
植物 ✿ 7 ～ 9 月 ■北海道～九州 ■河岸、堤防 ■新芽（涼拌
菜）、果實（煎炒、醃製）

花・莖

菟絲子 外

呈現黃色線狀，會寄生在其他
植物身上，奪取水分與養分。
■旋花科 ■一年生蔓性草本植物
✿ 7 ～ 10 月 ■北美洲原產 ■草
地、荒野

蓬萊珍珠菜全株都有毛覆蓋，
特別是會密集生長在莖上。

會在葉的根部開出
一朵花。

果實

蓬萊珍珠菜

花萼包裹起來的果實，看起來很像小型的茄子，故日
本方面將其命名為「コナスビ（小茄子）」。■報春
花科 ■多年生匍匐性草本植物 ■ 5 ～ 20cm ✿ 5 ～ 9 月
■日本全國 ■草地、路邊、林邊

星宿菜

花序（小花聚生）長得很
像老虎尾巴，日本方面將
其命名為「ヌマトラノ
オ」。 ■報春花科 ■多年
生草本植物 ■ 30 ～ 70cm ✿
7 ～ 8 月 ■本州～九州 ■濕
地、水邊

花

馬㼎兒

白色圓形果實向下垂，內
含有褐色的種子。 ■葫蘆
科 ■一年生蔓性草本植物
✿ 8 ～ 9 月 ■本州～九州
■河岸、林邊

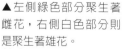

▲左側綠色部分聚生著
雌花，右側白色部分則
是聚生著雄花。

苧麻

可以從莖部取出長且堅固
的纖維。■蕁麻科 ■多年生
草本植物 ■ 0.5 ～ 2m ✿ 7 ～
9 月 ■本州～琉球群島 ■草
地、堤防

葉子由 5～9 片
小葉組成。

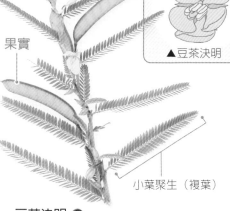

果實

分辨方法

花

5 片花瓣　　蝶形花

▲豆茶決明　　▲合萌

小葉聚生（複葉）

豆茶決明 食

花朵和其他豆科植物不一樣，不是蝶形花（和
蝴蝶形狀類似的花）。■豆科 ■一年生草本植
物 ■30～60cm ❀8～9月 ■本州～九州 ■草
地、荒野、河岸 ■新芽（涼拌菜、煎炒）、莖・
葉（茶）

合萌 食

有 20～30 對細長
的小葉，看起來與
合歡樹（→ P.150）
長得很相似，但合
萌是一年生草本植
物。■豆科 ■一年生
草 本 植 物 ■50～
100cm ❀7～10 月
■日本全國 ■水田、
濕地 ■莖・葉（茶）

花

龍牙草

花朵會綻放 5 片黃色花
瓣。果實可以變身成為魔
鬼氈（→ P.74）。■薔薇
科 ■多年生草本植物 ■
40～90cm ❀7～10 月
■北海道～九州 ■草地、
林邊

果實

▲果實上有勾爪狀的
刺，可以勾在衣服等
物品。

根部有 2 片類
似葉子的東西
（托葉）著生。

歪頭菜 食

有 2 片小葉。■豆科 ■多年生草本植物 ■
30～60cm ❀7～10 月 ■北海道～九州 ■草
地、林邊 ■新芽（涼拌菜、湯配料、天婦羅）

花朵著生在
前端。

花

野大豆

被視為大豆的原始物種。
莖部與豆莢上有很多褐色
的毛。■豆科 ■一年生蔓
性草本植物 ❀7～9 月 ■
日本全國 ■荒野、水邊

花

百根脈

呈圓形擴散、蔓延在地面。常
用於基因實驗。■豆科 ■多年
生匍匐性草本植物 ■15～50cm
❀4～10 月 ■日本全國 ■草地、
路邊

花

▲花瓣分成 6 片。

實際尺寸

日本盂蘭盆節期間，長野縣的人們在會在玄關擺上千屈菜的花。

千屈菜

會在盂蘭盆節期間綻放紅紫色花朵，常作為盂蘭盆節的裝飾用花。◧千屈菜科 ◧多年生草本植物 ◧50～100cm ✿7～8月 ◧北海道～九州 ◧水田、濕地

群生的千屈菜。

地耳草

花會在早晨凋謝。天氣寒冷時，葉子會呈現鮮豔的紅色。◧金絲桃科 ◧一年生草本植物 ◧5～30cm ✿7～9月 ◧日本全國 ◧水田、濕地

實際尺寸

地耳草的葉子，會在秋季全部轉紅。

扯根菜

帶有果實的花序（小花聚生）很像有吸盤的章魚腳。◧扯根菜科 ◧多年生草本植物 ◧30～80cm ✿7～9月 ◧本州～九州 ◧濕地、水邊

花

果實

粟米草

長著小巧如粟米般的果實。花朵在早上閉合。◧粟米草科 ◧一年生草本植物 ◧5～25cm ✿7～10月 ◧本州～九州 ◧旱田

◧科名 ◧生長狀態 ◧尺寸 ✿開花期 ✿結果期 ◧分布地點或原產地 ◧可見地點 ◧食用方法 ◍外來物種 ◍可食植物 ◍有毒植物

少毛牛膝

長有很多白刺，與和牛膝的葉子比較起來顏色較深。■莧科 ■多年生草本植物 ■ 50 〜 100cm ❋ 8 〜 9 月 ■本州〜九州 ■林邊、樹林中

▲ 穗軸上的毛不多。

葉子厚實，毛多。

與和牛膝比較起來，葉子較薄、毛較少。

牛膝類的果實可以變成魔鬼氈，附著在動物身上，被運送出去。

和牛膝

整體非常結實。莖節隆起得好像野豬膝蓋。■莧科 ■多年生草本植物 ■ 50 〜 100cm ❋ 8 〜 9 月 ■本州〜九州 ■草地、路邊

果實

羊蹄 🍴

莖上聚生著滿滿的綠色花朵與果實，成熟後會變成淺褐色。■蓼科 ■多年生草本植物 ■ 60 〜 100cm ❋ 4 〜 7 月 ■日本全國 ■草地、濕地、水邊 ■新芽（涼拌菜、湯配料）

花瓣上有分裂。

葉子呈波浪狀。

花萼

瞿麥

秋日七草（→ P.113）之一。花瓣根部被筒狀的花萼包覆著。■石竹科 ■多年生草本植物 ■ 30 〜 80cm ❋ 6 〜 9 月 ■本州〜九州 ■草地、河岸

🌿 什麼是瀕危物種？

　　因為人類活動以及外來物種入侵，奪走了原有物種的生育環境與分布區域，我們將這些有滅絕危機的生物種類稱作「瀕危物種」。日本國內的植物物種（種子植物、苔蘚植物）當中，有 1779 種被指定為瀕危物種（2012 年）。

　　在日本，植物滅絕的原因幾乎都跟人類活動有關。主要是因為砍伐森林等環境破壞，以及自其他國家傳入的外來物種增加等理由導致原有物種的生育環境被奪走。

▲因為砍伐森林（上）以及外來物種（下），使得原有物種被迫滅絕。

果實

小穗左右著生。

▲小穗（小花聚生）著生成 2
列。

雀稗

小花呈圓形，雄蕊花藥為
黃色，雌蕊柱頭為紫色。
■禾本科 ■多年生草本植
物 ■ 40 ～ 90cm ✲ 7 ～
10 月 ■本州～琉球群島 ■
草地

雄花

日照與排水良好的土地
才能產生良好的草坪。

虎杖 🍽

雌雄異株。新芽吃起來帶有酸味。■蓼科
■多年生草本植物 ■ 50 ～ 150cm ✲ 7 ～ 10
月 ■北海道～九州 ■草地、路邊、堤防 ■
新芽（天婦羅、沙拉）

犬稗

雜穀類中，稗（→ P.123）的原始物種。穗上
芒（刺）較醒目的物種，稱作「毛犬稗」。
■禾本科 ■一年生草本植物 ■ 50 ～ 100cm ✲
7 ～ 10 月 ■日本全國 ■水田、草地、路邊

矮草坪

亦稱作「野草坪」，自古以來即種植作為草坪。
■禾本科 ■多年生匍匐性草本植物 ■ 10 ～ 20cm
✲ 5 ～ 7 月 ■日本全國 ■草地、堤防

茭白

在水邊生長的大型草本植物。穗的上半部有雌
花，下半部則有雄花著生。■禾本科 ■多年生草
本植物 ■ 1 ～ 2m ✲ 7 ～ 10 月 ■北海道～九州 ■
水邊

🍃最能因應稻作生產方式的水稗草

　　水稗草是水田常見的雜草植物。水稗草會
在水田內與水稻一起生長，到了秋季會快速抽
高，並且比水稻更快生成種子。待種子成熟後，
會與小穗一起掉落到地面。由於比水稻更早生
成、掉落種子，所以即使與水稻一起收成，由
於種子已經掉落到地面，隔年又會再冒出芽、
繼續生長。擁有這種特質的水稗草，可以說是
在水田生長雜草中最能因應稻作生產方式的植
物之一。

▲水田內茂密生長的水稗草小穗。
每顆果實都長得渾圓飽滿。

■科名 ■生長狀態 ■尺寸 ✲開花期 ●結果期 ■分布地點或原產地 ■可見地點 ■食用方法 ◎外來物種 🍽可食植物 🍂有毒植物

莖的前端有好幾根分枝，並且有許多小穗著生。

鱗片
包裹住小花。

▲莎草科的小穗。
鱗片前端尖銳。

禾本科與莎草科植物的分辨方法

禾本科與莎草科植物外觀看起來非常相似。這兩科植物的分辨方法是觀察莖的剖面，禾本科的莖剖面通常呈圓形。另一方面，莎草科的莖剖面呈三角形。

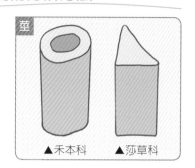

莖

▲禾本科　▲莎草科

禾本科的小穗比莎草科來得小。

鱗片

由於小花較小，所以稱作碎米（小米）。

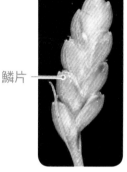

▲碎米莎草的小穗。鱗片前端不尖銳。

蒲的莖部沒有葉子。

具芒碎米莎草
大多生長於旱田，穗花看起來像是褐色的線香煙火。■莎草科 ■一年生草本植物 ■ 20～60cm ❀ 7～11月 ■本州～九州 ■旱田、路邊

蒲
如其日文名稱「サンカクイ」，莖部剖面為三角形。■莎草科 ■多年生草本植物 ■ 50～120cm ❀ 7～10月 ■日本全國 ■濕地、水邊

碎米莎草
與具芒碎米莎草類似，小穗為深黃色，鱗片圓滑。■莎草科 ■一年生草本植物 ■ 20～60cm ❀ 7～11月 ■本州～琉球群島 ■旱田、路邊

無刺鱗水蜈蚣
擁有看起來像是綠色金平糖（星星糖）的穗，成熟的小穗會一顆一顆地掉落。■莎草科 ■多年生草本植物 ■ 5～20cm ❀ 7～10月 ■日本全國 ■水田、濕地

莖

水蔥
特徵是具有又粗又圓的莖部。有 4～5 顆褐色小穗。■莎草科 ■多年生草本植物 ■ 0.5～1.5m ❀ 7～10月 ■日本全國 ■濕地、水邊

黃菖蒲 外
與溪蓀（→ P.37）類似，花是黃色
的。■鳶尾科 ■多年生草本植物 ■
50～100cm ✽5～7月 ■歐洲原產
■濕地、水邊

燈心草
植物體根部會長出許多細長的莖，
夏季綻放褐色的花。■禾本科 ■多
年生草本植物 ■30～100cm ✽6～
7月 ■日本全國 ■濕地、水邊

日本和室內常見的燈心草

燈心草的莖具有白色的海綿狀組織，可以吸附濕
氣與化學物質。被認為是「天然的空調」，具有淨化空
氣、吸濕、加濕作用。用來作為疊蓆（榻榻米）的原
料，一直以來就是有助於日本人生活、非常貼身親近的
植物。

▲燈心草加工、製作成
疊蓆正面。

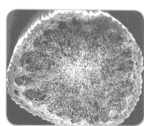

▲燈心草剖面。可以看
到如海綿般的組織。

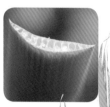

▲葉的切口成彎月
形。

雄花凋謝後
剩下的軸。

果實聚生。

▼秋季會長出
白色棉毛。

雄花與雌花的分辨方法　分辨方法

沒有間隙　　　　　　有間隙

雄花　　　　　　　雄花
雌花　　　　　　　雌花

▲香蒲　　　　　▲長苞香蒲

香蒲
香蒲的「蒲」，即
是蒲燒鰻的
「蒲」。■香蒲科
■多年生草本植物
■1～2m ✽6～
8月 ■北海道～九
州 ■濕地、水邊

花

雄花

雌花

實慄
圓圓的果子聚生在一起，看
起來和日本栗（→ P.148）
的帶刺外殼很像。■香蒲科
■多年生草本植物 ■50～
150cm ✽6～8月 ■北海道～
九州 ■濕地、水邊

田野間的植物　夏

天香百合 食

會綻放出直徑超過 20cm
的大型花朵，花朵帶有非
常強烈的香味。◨百合科
◨多年生草本植物 ◨1〜
1.5m ❀ 6〜7月 ◨本州 ◨
草地、林邊、樹林中 ◨鱗
莖（天婦羅、烹煮、涼拌菜）

野慈姑 食

具有大型盾牌形狀的葉子與
白色的花，非常醒目。果實
會聚生成球形。◨澤瀉科 ◨
多年生草本植物 ◨20〜
80cm ❀ 7〜10月 ◨日本全
國 ◨水田 ◨球莖（烹煮、天
婦羅）

卷丹 食

不會生成種子。葉緣會
長出珠芽。◨百合科 ◨
多年生草本植物 ◨0.8〜
1.5m ❀ 7〜8月 ◨北海
道〜九州 ◨草地、旱田、
路邊 ◨鱗莖（天婦羅、
烹煮、涼拌菜）

從珠芽培育成球
根，需要2〜3年。

珠芽（→ P.31）會著
生在葉子根部。

菖蒲

葉子帶有清爽的香氣，民間常會於
農曆5月5日（端午節）時拿來泡
澡。◨菖蒲科 ◨多年生草本植物 ◨
30〜80cm ❀ 5〜7月 ◨北海道〜九
州 ◨水邊

三白草

初夏開花時期，莖
上半部的葉子會呈
白色。◨三白草科 ◨
多年生草本植物 ◨
30〜70cm ❀ 6〜7
月 ◨本州〜琉球群島
◨河岸、濕地

葉子呈卵形。

萱草 食

會綻放橙色的大型重瓣花
朵，不會生成種子。根部會
像大麗菊（→ P.62）一樣隆
起。◨萱草科 ◨多年生草本植
物 ◨70〜100cm ❀ 7〜8月
◨北海道〜九州 ◨草地、林邊、
河岸 ◨新芽（天婦羅、涼拌
菜）、花苞（醋拌菜）

田野間的樹木 夏

葉子會分裂成
3～5瓣。

山葡萄

秋季會長出藍色或紫色等彩色的果實，但是不能食用。■葡萄科 ■落葉性蔓性木本植物 ✿6～8月 ●10～11月 ■日本全國 ■草地、林邊

果實

花

昆蟲做出了色彩繽紛的果實

山葡萄的「果實」之所以會變得色彩繽紛，其實是「山葡萄蟲癭」（→P.107）造成的。果實內部有山葡萄癭蚋等昆蟲寄生，內部就會發霉。隨著寄生的幼蟲因攝食該黴菌而長大，果實就會跟著膨脹變大、大小不一致，顏色轉變為藍色或紫色。正常果實應該大小一致，且果實顏色為綠色。

蛹

幼蟲

▲在山葡萄蟲癭內的蛹與幼蟲。

尺寸
Check

馬棘

意思是「即使栓上一匹馬也沒關係」的小樹，拉扯也不太會被扯斷。■豆科 ■落葉小灌木 ■40～80cm ✿7～9月 ●10～11月 ■本州～九州 ■草地、路邊

圓錐鐵線蓮 毒

整株皆有毒。果實前端有白色羽毛狀的毛。■毛茛科 ■半落葉蔓性灌木（多年生蔓性草本植物）✿8～9月 ●10～11月 ■日本全國 ■草地、林邊

尺寸
Check

齒葉溲疏

切開樹枝，即可發現中間有空洞。■繡球花科 ■落葉灌木 ■1～3m ✿5～6月 ●10～11月 ■北海道～九州 ■草地、河岸、林邊

蟲癭 ～昆蟲的食物與家

我們可以在植物的葉、莖、花、果實等處發現小小的蟲癭。之所以稱作「蟲癭」，因為通常都是由昆蟲製造而成。被寄生的植物會變形為昆蟲的食物以及舒適的家。

枹櫟葉上長出的蟲癭。內有幼蟲入住。

什麼是蟲癭？

蟲癭，亦稱作「蟲瘤」。是因為蚜蟲、癭蚋、癭蜂等昆蟲寄生在植物上而形成。昆蟲的唾液，會造成植物生長異常，大多會呈現瘤狀，讓幼蟲得以在內部孵化。主要會形成在新芽、新葉、花苞、花朵、果實等處，且年年更新位置。

●蟲癭的內部發展（以蚜蟲為例）

❶ 蚜蟲媽媽先在葉子上咬一口，把唾液送進葉子。葉子受到該刺激後，就會產生蟲癭。

❷ 膨脹隆起的蟲癭會包裹住蚜蟲。

❸ 蚜蟲在蟲癭內部產卵，孵化出大量的幼蟲。

❹ 幼蟲成長為有翅膀的蚜蟲後，脫離蟲癭。

各式各樣的蟲癭

因昆蟲或植物的物種不同，蟲癭的型態也會有所不同。

◀蟲癭內有許多「白膠木五倍子蚜蟲」的幼蟲。

裡面有非常多的蟲！

鬆軟的棉毛

◀日本艾莖上出現的日本艾癭蚋蟲癭。彷彿像是鬆軟的棉毛。

刺刺！

彩色的蟲癭

▶「山葡萄癭蚋」寄生在山葡萄葉片上所產生的蟲癭。

▶蚜蟲寄生在日本金縷梅芽上，所產生的蟲癭。

蔬菜～對人們有益的植物①

人類為了食用而栽種培育的草本植物，統稱為「蔬菜」。依物種不同，可利用的部位也有所不同，例如：葉、果實、根部等。

▶大白菜如果放任不理、不去收成，中心就會長出莖，並且綻放出類似蕪菁油菜的花。

許多部位皆可以食用的蔬菜

所謂蔬菜，即是指人們為了食用所栽種的草（草本性植物），特徵是收成後就會枯萎。另一方面，水果因為來自樹木，所以可以持續收成數十年之久。

蔬菜通常會栽種在旱田，並且在適當的時期收成。依物種不同，會有最佳的收成季節（能夠收成到最大量的季節），但是如果放在溫室等有調節好溫度與光線的地點，也可以在最佳收成季節以外的時間點收成。

依物種不同，可以食用的蔬菜部位也不同，例如：果實、葉、根部、莖、花朵、花苞等。

▲小黃瓜在溫室內栽種的情形。即使在寒冷的時期也可以栽種。

果實可食用

小黃瓜及番茄等的果實可以食用。西瓜、哈密瓜、草莓雖然被視為水果，但因為屬於草本植物，所以也算在可食用果實的蔬菜之列。此外，豆類種子可以連同豆莢一起食用。

番茄　南美洲原產，成熟的果實可以食用。除了尺寸大小，也有紅色與粉紅色、黃色與綠色等不同品種。

▲番茄的花。雄蕊成筒狀，包圍著雌蕊。

◀迷你番茄的果實

剖面

青椒　小黃瓜

豌豆　西瓜

草莓

葉子可食用

除了可以食用菠菜等生長後會張開的葉子外，也可以食用如：結球甘藍、大白菜等會層層疊疊捲起的柔軟葉子。

結球甘藍

自古以來，在歐洲廣泛被人們所食用。由於外側張開的葉子較硬，所以主要會選擇食用內側未張開的葉子部位。

剖面

根部

▲莖幾乎不延伸，葉子往內側捲曲、互相層疊成球形。

萵苣　大白菜

菠菜　長蔥

香芹（巴西里）　青江菜

芹菜　韭菜

根部可食用

可食用粗大的根部與莖。

可以食用營養豐富的根部。洋蔥乍看之下是根部，但其實我們食用的是多片葉子重疊在一起的「鱗莖」。

蘿蔔

莖

根部

▲蘿蔔的花。由於屬於十字花科，所會開出類似油菜的白花。

胡蘿蔔

牛蒡　番薯

莖可食用

蘆筍

可以食用嫩莖部位。分為在太陽光下成長的綠蘆筍，以及沒有照射到陽光的白蘆筍。

由於成熟的莖較硬，主要會食用嫩莖部位。蓮藕看起來像是根部，但其實它是地下莖（地面下的莖）。

蓮藕

竹筍

花可食用

綠花椰菜

可食用花蕾（花苞聚生）與莖部。花蕾非綠色、呈現白色的白花椰菜是綠花椰菜的近似物種。

除了白花椰菜與綠花椰菜外，還有油菜（蕪菁油菜）等。

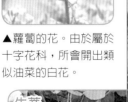

▲綠花椰菜的花。

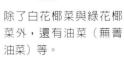
白花椰菜

油菜（蕪菁油菜）

田野間的植物 秋 冬

斐豹蛺蝶

●黃花龍芽草
（→ P.115）

●柔枝莠竹

稻弄蝶

黃斑長喙天蛾

●戟葉蓼
（→ P.119）

熊蜂

●水稻（→ P.122）

小翅稻蝗

●畦畔莎草

●杏葉沙參
（→ P.114）

翠鳳蝶

●紅花石蒜
（→ P.121）

●胡枝子
（→ P.121）

110

以水稻為主，進入各種農作物的收成時期。
在收成過後、隔年插秧之前的短暫期間，
也會有一些植物生長在水田當中。

尾管蚜蠅

豆金龜

●中國芒
（→ P.120）

●地榆
（→ P.116）

●柚香菊
（→ P.114）

●日本艾
（→ P.114）

褐背露斯

黃鉤蛺蝶

●野菊
（→ P.112）

●野薔薇
（→ P.121）

田野間的草花植物 秋・冬

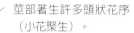

一枝黃花

生長於里山到高山等各處,會依地點不同而有形狀與尺寸上的差異。■菊科■多年生草本植物■30～180cm✿8～11月■北海道～九州■草地、山地

莖部著生許多頭狀花序(小花聚生)。

山萵苣

萵苣的近似物種。切開莖部或葉子會流出白色液體。■菊科■一～二年生草本植物■60～200cm✿8～11月■日本全國■路邊

花

花

花

◀總苞(由包裹花的葉子變態而成)如花瓣擴散。

頭狀花序

淺黃色的花。

頭狀花序

▲經常生長於水田等處。

梁子菜 外

最早於1933年日本愛知縣段戶山所發現。頭狀花序僅有管狀花(筒狀花)。■菊科■一年生草本植物■50～150cm✿9～10月■北美洲原產■路邊、伐採地

狼杷草

近似大狼把草(→P.75),頭狀花序大且呈圓球狀。■菊科■一年生草本植物■20～80cm✿8～10月■日本全國■水田、濕地

莖與葉摸起來很粗糙。

▲群生於採伐地的梁子菜。

野紺菊 食

如「野紺菊」之名,會綻放出紫色的花朵。果實上有白色棉毛。■菊科■多年生草本植物■30～100cm✿8～11月■本州～九州■草地、山地■新芽(涼拌菜、天婦羅)

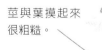

▲地下莖(地面下的莖)延伸,因而擴大生長至群生。

棉毛薊 食

總苞不會黏在一起，也不太會向內彎曲。
■菊科 ■多年生草本植物 ■40～100cm ❀9～10月 ■本州 ■草地、林邊 ■新芽（涼拌菜、天婦羅）

與大薊（→ P.86）不同，總苞不會黏在一起。

花

◀花會開在莖上半部的分枝處。

白頭婆

秋季七草之一。葉子會分裂成3瓣。
■菊科 ■多年生草本植物 ■80～150cm ❀8～10月 ■本州～九州 ■河岸、庭園

頭狀花序聚生著管狀花。

澤蘭

與白頭婆類似，但是葉子乾燥時，不會發出像白頭婆般甘甜的香味。■菊科 ■多年生草本植物 ■0.5～2m ❀8～10月 ■北海道～九州 ■草地、林邊

葉子會從中央主脈延伸到左右兩側的側脈。

花

豨薟

總苞會黏在一起，每顆果實都可以附著在衣服上。■菊科 ■一年生草本植物 ■50～100cm ❀9～10月 ■北海道～九州 ■草地、路邊、林邊

🍃 **秋季七草**

　　秋季七草，係指七種能代表秋季的草本植物，一般認為與歌人——山上憶良在日本奈良時代於歌集《萬葉集》中所刊載的歌曲內容有關。這7種都是過去常見的草本植物，但是現在數量逐漸減少。在日本環境省提出、有滅絕危機的動植物列表中，桔梗即是遭到指名的「瀕危物種」（→ P.101）之一，白頭婆則是「準瀕危物種」。

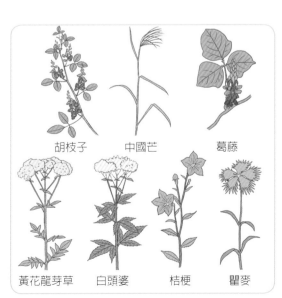

胡枝子　　中國芒　　葛藤

黃花龍芽草　白頭婆　桔梗　　瞿麥

柚香菊 (食)

一種從日本東北地方生長到近畿地方的野生菊花。■菊科 ■多年生草本植物 ■40～80cm ✿8～10月 ■本州 ■草地、堤防 ■新芽（涼拌菜、拌飯）

花

莖的上半部有分枝。

▶葉子會散發類似柚子的香氣，故命名為「柚香菊」

馬蘭（雞兒腸）(食)

西日本地區的野菊。從日本關東地區生長到北方，長得與關東嫁菜類似。■菊科 ■多年生草本植物 ■30～80cm ✿7～10月 ■本州～九州 ■水田、草地、河岸 ■新芽（涼拌菜、拌飯）

葉 分辨方法

葉緣有毛 ▲馬蘭

葉緣的毛稀少 ▲關東嫁菜

◀會分為好幾段，向下開花。

吊鐘型的花、根部長得與朝鮮人參很像，故以此命名。

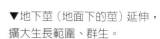

▼地下莖（地面下的莖）延伸，擴大生長範圍、群生。

杏葉沙參 (食)

春季發出的新芽，即是知名的山菜——「沙參」。■桔梗科 ■多年生草本植物 ■50～120cm ✿8～10月 ■北海道～九州 ■草地、堤防、林邊 ■新芽（涼拌菜、湯配料、天婦羅）

切開莖，會流出白色的液體。

頭狀花序（小花聚生）的花粉會隨風運送。

花色為淺紫或白色。

日本艾 (食)

初春的嫩葉摘下後，可作為青草糕點的材料。■菊科 ■多年生草本植物 ■50～120cm ✿9～10月 ■本州～九州 ■草地、荒野、路邊 ■若葉（天婦羅、青草糕點）

花朵為黃色。

野菰

經常寄生在中國芒上（不須光合作用，僅從其他植物獲取養分）。◨列當科 ◼一年生草本植物 ◼ 15～20cm ❀ 9～10 月 ◼日本全國 ◼草地

◀莖的上半部有向內的分枝。

花朵為白色。

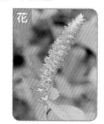

黃花龍芽草

秋季七草（→ P.113）之一。插在花瓶裡，水會臭掉。◨忍冬科 ◼多年生草本植物 ◼ 50～100cm ❀ 8～10 月 ◼北海道～九州 ◼草地、堤防

毛敗醬 🍴

看起來比黃花龍芽草更健壯，故日本方面將其命名為「オトコエシ（男郎花）」。◨忍冬科 ◼多年生草本植物 ◼ 60～120cm ❀ 8～10 月 ◼北海道～九州 ◼草地、林邊 ◼新芽（涼拌菜、天婦羅）

辣薄荷 🍴

薄荷（→ P.35）的近似物種，帶有清爽的香氣。◨唇形科 ◼多年生草本植物 ◼ 20～80cm ❀ 7～10 月 ◼北海道～九州 ◼濕地、水邊 ◼新芽（香草茶）

香薷

整株植物帶有比紫蘇更強烈的香氣。◨唇形科 ◼一年生草本植物 ◼ 30～60cm ❀ 9～10 月 ◼北海道～九州 ◼草地、路邊

石龍尾

亦可在水中生長，在水中時葉子會分裂得更細小。
■車前草科 ■多年生草本植物 ■5～20cm ✿7～11
月 ■本州～琉球群島 ■水田、濕地、水中

▲可生長在暫停使用
的水田（休耕田）等
淺水當中。

花序 ——
小花聚生。

花朵會由上
往下綻放。

花

可作為止血劑
等藥物。

日本當藥 食

自古以來即作為胃藥使用，味道
非常苦。■龍膽科 ■一年生草本植
物 ■10～20cm ✿8～11月 ■
北海道～九州 ■草地、林邊 ■整株
植物（茶）

日本松蒿

半寄生植物（→ P.182）。葉子上有毛，觸碰時會覺
得黏黏的。■列當科 ■一年生草本植物 ■30～60cm
✿9～10月 ■北海道～九州 ■草地、伐採地

地榆 食

花上沒有花瓣，4片紅褐色的
花萼看起來像是花瓣。■薔薇
科 ■多年生草本植物 ■50～
100cm ✿8～10月 ■北海道～
九州 ■草地、堤防 ■新芽（涼
拌菜、天婦羅）

🌿地榆會出汗？

　　許多植物會從根部吸收水
分，並且將多餘的水分，主要以
水蒸氣的形式從葉子背面、稱作
「氣孔」（→ P.12）的孔洞排出。
然而，地榆卻會將多餘的水分從
葉緣的「水孔」部位，以水滴的
形式排出。看起來就好像是葉子
在出汗。

▶會冒出水滴
的地榆葉。

龍膽

秋季山野的代表性花卉之一。經常用來插花的物種是蝦夷龍膽。☑龍膽科 ■多年生草本植物 ■20～70cm ✿9～11月 ■本州～九州 ■草地、林邊

咬人貓（蕁麻） 毒

葉與莖上布滿含有「甲酸」的毒針，扎到時會有刺痛感。☑蕁麻科 ■多年生草本植物 ■40～100cm ✿9～10月 ■本州～九州 ■山地

鐵馬鞭

匍匐生長於地面，整株植物上有很多毛，觸感柔軟。☑豆科 ■多年生匍匐性草本植物 ■50～100cm ✿7～9月 ■本州～琉球群島 ■草地、伐採地、林邊

會長出表面有毛的果實。

大量的葉子著生在莖上。

莖與葉的樣子與蓼科植物相似。

假柳葉菜

具有小型棒狀的果實。到了秋末，整株植物的葉子會變成鮮豔的紅。☑柳葉菜科 ■一年生草本植物 ■30～70cm ✿7～10月 ■日本全國 ■水田、濕地

▲一株植物可以長出很多的莖。以前中國會利用該植物的莖來占卜。

鐵掃帚（千里光）

莖堅硬如木頭，有3片小葉著生在一起。☑豆科 ■多年生草本植物 ■40～100cm ✿8～10月 ■日本全國 ■荒野、河岸

日本老鶴草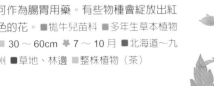

可作為腸胃用藥。有些物種會綻放出紅色的花。■牻牛兒苗科 ■多年生草本植物 ■ 30 ～ 60cm ✿ 7 ～ 10 月 ■北海道～九州 ■草地、林邊 ■整株植物（茶）

花

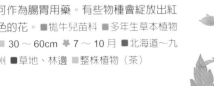

果實

種子

長在果實根部。果實裂開後，種子會彈飛出去。

花

▲具有可以延伸生長的長莖，群生之處會成為一片草皮。

箭葉蓼

莖具有向下的刺，觸碰時會覺得粗糙。■蓼科 ■一年生草本植物 ■ 50 ～ 100cm ✿ 6 ～ 10 月 ■北海道～九州 ■河岸、濕地

花穗下垂。

看起來可以像花瓣一樣剝開，但並不是花瓣。

沒有葉柄（連接葉與莖的柄）。

▲莖向上生長，可以長到和成人一般高。

葉柄上有向下的刺。

托葉環抱住莖。

果實

扛板歸

花呈綠色，看起來很樸實，但是果實成熟後會呈現美麗的藍紫色。■蓼科 ■一年生蔓性草本植物 ■ 1 ～ 2m ✿ 7 ～ 10 月 ■日本全國 ■河岸、林邊

早苗蓼

莖的節粗大、隆起。托葉葉緣沒有毛。■蓼科 ■一年生草本植物 ■ 80 ～ 200cm ✿ 6 ～ 11 月 ■日本全國 ■荒野、路邊、河岸

■科名 ■生長狀態 ■尺寸 ✿開花期 ●結果期 ■分布地點或原產地 ■可見地點 ■食用方法 ❖外來物種 ⻝可食植物 ⻄有毒植物

戟葉蓼 食

花苞在原地以閉合狀態自行成熟的閉鎖花（→ P.126）。亦有會綻放白花的物種。■蓼科 ■一年生草本植物 ■30～70cm ✿ 8～10月 ■北海道～九州 ■濕地、水邊 ■新芽（醬拌菜、涼拌菜）

◀ 莖上有刺，可以攀附在其他東西上生長、延伸。

葉子背面也有刺。

托葉呈圓形，僅有 1 處分裂。

花

伏毛蓼

與水蓼類似但是葉子沒有辛辣味。■蓼科 ■一年生草本植物 ■30～80cm ✿ 9～11月 ■本州～琉球群島 ■水田、濕地、水邊

水蓼 食

葉子非常辛辣，常作為生魚片的配菜。■蓼科 ■一年生草本植物 ■20～80cm ✿ 9～11月 ■日本全國 ■水田、濕地、水邊 ■雙葉（生魚片配菜）、莖‧葉（蓼醋）

刺蓼

莖上有尖銳的刺，觸碰時會感到疼痛。■蓼科 ■一年生草本植物 ■30～100cm ✿ 5～10月 ■日本全國 ■路邊、濕地

分辨方法

葉子

有黑斑

▲伏毛蓼

沒有黑斑

▲水蓼

東亞唐松草 毒

沒有花瓣，花萼會在開花後立即掉落。整株皆有毒。■毛茛科 ■多年生草本植物 ■50～150cm ✿ 8～10月 ■北海道～九州 ■草地、林邊

🍃 蓼科植物的特徵

在蓼科植物葉柄著生的根部，有著如豆莢般發達、包裹住莖的「托葉」。此外，許多蓼科植物並沒有花瓣。那些看起來像是花瓣的部位，其實是從花萼變化而來的。花朵乾枯後也不會掉落，而是包裹住果實。

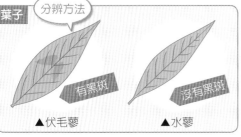

▲水蓼的托葉。包裹住莖。

鴨舌草 食

葉子有厚度。會在秋季中午前綻放鮮豔的藍紫色花朵。■雨久花科 ■一年生草本植物 ■10～30cm ✿ 9～11月 ■本州～琉球群島 ■水田、水邊 ■新芽（烹煮）

小穗（小花聚生）上沒有芒（刺）。

荻
會群生在水邊，到了秋季會長出類似中國芒的小穗。■禾本科 ■多年生草本植物 ■1〜2m ✿9〜10月 ■北海道〜九州 ■濕地、水邊

小穗上有芒。

中國芒
秋季七草（→ P.113）之一。生長在乾燥的草原，小穗上有芒。■禾本科 ■多年生草本植物 ■1〜2m ✿8〜10月 ■日本全國 ■草地、路邊

蘆草
在日本八丈島會利用其製作名為「黃八丈」的染色紡織品。■禾本科 ■一年生草本植物 ■20〜50cm ✿9〜11月 ■北海道〜九州 ■水田、草地

▲會在日照良好的場所，產生群落。

葉的根部包圍住莖。

小穗呈現淺紫色。

果實成熟後會變成黑色或灰色。

果實

花

薏苡 外
秋季會長出水滴狀、堅硬的黑色果實。■禾本科 ■多年生草本植物 ■0.5〜1m ✿8〜11月 ■亞洲熱帶地區原產 ■路邊、水邊

蘆葦
生長在水邊時，可將地下莖（地面下的莖）埋入土中，形成整片蘆原。■禾本科 ■多年生草本植物 ■2〜3m ✿8〜10月 ■日本全國 ■河岸

可以讓水質變乾淨的水邊植物
民生排水及生物遺骸等產生的有機物是造成水汙染的原因。這些髒汙會由住在水中的微生物等分解成為氮與磷。氮與磷又會被生長在水邊的蘆葦等植物吸收，作為生長所需的養分。

水邊的蘆原

■科名 ■生長狀態 ■尺寸 ✿開花期 ✿結果期 ■分布地點或原產地 ■可見地點 ■食用方法 外外來物種 食可食植物 毒有毒植物

果實

綿棗兒
地面上的部分會在夏季與冬季枯萎、休眠。
■天門冬科 ■多年生草本植物 ■ 20 ～ 40cm
✿ 8 ～ 9 月 ■日本全國
■草地、堤防

紅花石蒜（彼岸花）毒
通常於秋分前後三天（秋彼岸）時期開花，花凋謝後，長出葉子。不會生成種子。■石蒜科 ■多年生草本植物 ■ 30 ～ 50cm ✿ 9 月 ■日本全國 ■水田、堤防、神社

◀形成群落的紅花石蒜。鮮豔的花色非常醒目。

開花時，沒有葉子。

整株皆有毒。

田野間的樹木 秋・冬

枸杞食
果實可以做成水果乾，經常作為中式粥品內的配料食用。■茄科 ■落葉灌木 ■ 1 ～ 2m ✿ 7 ～ 11 月 🍎 8 ～ 12 月 ■本州～琉球群島 ■河岸、海岸 ■新芽（天婦羅、涼拌菜）、果實（釀酒）

尺寸 Check

果實成熟後會轉變為紅色。

果實會轉變為紅色。

葉子背面會長毛。

花序小花聚生。

尺寸 Check

野薔薇
野玫瑰的一種。開花時周邊會環繞著香甜的氣味。■薔薇科 ■落葉灌木 ■ 1 ～ 2m ✿ 5 ～ 6 月 🍎 9 ～ 11 月 ■北海道～九州 ■河岸、林邊、水邊

▲刺很多，經常在山路等處被視為討人厭的植物。

花

尺寸 Check

胡枝子
胡枝子為秋季七草（→ P.113）之一，普遍見於山野之中。
■豆科 ■落葉灌木 ■ 1 ～ 2m ✿ 7 ～ 9 月 🍎 11 ～ 12 月 ■北海道～九州 ■草地、林邊

穀物～對人們有益的植物②

作為主食的穀物，是維繫我們生命所需的重要作物。
在漫長的歷史中，水稻、小麥等代表性的禾本科植物，
經由我們人類培育栽種，並且廣為運用。

作為主食食用的禾本科植物

禾本科植物的特徵是會製造出非常多的果實。其所生成的種子當中富含生物所需熱量的碳水化合物，經過乾燥，即可長時間保存。因此，被利用作為全世界的主食。

日本人的主食——白飯，即是水稻這種禾本科植物的種子。水稻栽培的歷史悠久，據信 1 萬多年前即開始種稻。起初是栽種中國或印度等地自然野生的物種，經過長久的品種改良（與近似物種雜交，培育出更好的品種），已經可以收成更美味、更大量的白米了。

稻米的製作方法

許多小穗聚生成為一枝稻穗，
並且會長出許多的果實（稻穀）。
稻穀脫離稻穗，即可收成。

果實（稻穀）

◀水稻的花。夏季早晨僅會綻放幾小時的花，授粉後立刻關閉。

稻米加工

稻穀必須歷經脫殼、去除米糠，精製成白米後才能食用。

稻穀 剛收成下來的狀態，不能直接食用。

稻穀脫殼
去除稻殼。

糙米 可以食用，但是口感較硬。

碾米
去除米糠（糠層部分）。

白米 最美味的狀態。

水稻種類

水稻可大致分為 3 種。粳稻，煮起來較黏稠，日本米幾乎都是屬於這種。秈稻烹煮後，會粒粒分明。爪哇稻的口感則在上述兩者之間。

粳稻

爪哇稻

秈稻

◀顆粒圓、短。

◀顆粒形狀中庸。

◀顆粒形狀細長。

水稻以外的穀物

除了水稻，還有一些禾本科的植物在世界各地被當作主食。

小麥是全世界最主要的穀物，還可細分為麵包專用小麥、通心粉專用小麥等種類。研磨小麥果實中的種子，製作成小麥粉，即可再加工製作成麵包、義大利麵、烏龍麵等。

玉米除了用來當作家畜的飼料外，成熟的玉米粒也可以研磨成粉、加工成為主食。

除此之外，還有小米、稗等穀物。米、麥以外的穀物，合稱雜穀。日本自江戶時代開始，雜穀即是庶民的主食。

此外，也有不作為主食，被廣泛運用作為酒、麥茶原料的大麥等穀物。

（→ P.58）

小麥

可將種子研磨成粉，加水、搓揉加工。

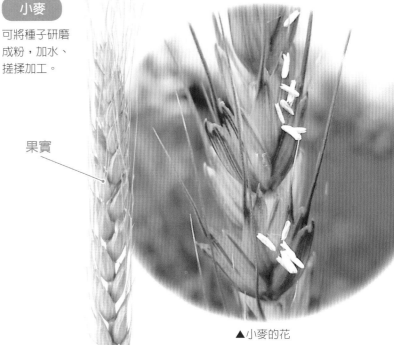

果實

▲小麥的花

各式各樣的麵包都是從小麥製作而成的。

玉米粉

將成熟的果實確實研磨成粉，製作成麵團。煎烤過後即成為墨西哥當地的主食。

▲使用玉米粉製作而成的墨西哥薄餅

◀成熟的玉米果實（玉米粒）。

小米

與狗尾草（→ P.58）相似的植物。主要用於製作年糕或是點心等。

稗

營養價值高，可以放入白飯內，作成雜穀飯食用。

大麥

主要用於作為啤酒及麥茶等原料。可放入白飯內，成為麥飯。

123

雜木林間的植物 春

●日本山櫻
（→ P.135）

熊蜂

●胡椒木

鳳蝶

●柔垂纈草
（→ P.126）

●鵝掌草
（→ P.128）

雙帶廣螢金花蟲

●糯米條（→ P.133）

地花蜂

●紫花堇菜
（→ P.127）

甫進入春季，一些喬木植物就會
在發出新葉之前先抽芽。
這類植物是為了在被其他喬木
葉子遮蔽之前，
能夠大量受到陽光照射、生長。

東方喙蝶

○朴樹
（→ P.163）

○浦島天南星
（→ P.131）

○山柎鵑
（→ P.133）

橡樹癭蜂的
蟲癭

日本油蟬幼蟲

○麻櫟
（→ P.162）

深藍金花蟲

○銀線草
（→ P.131）

○山東萬壽竹
（→ P.130）

日本虎鳳蝶

○金蘭（→ P.129）

○豬牙花
（→ P.130）

■雜木林間的草花植物 春

大丁草

會有短短的花莖延伸出來，並且在前端開花。■菊科 ■多年生草本植物 ■5～60cm ✿3～5月、9～10月 ■日本全國 ■林邊、山地

直徑 2～3mm的小花。

柔垂纈草

開花後，會從植物根部長出新的枝，成為新的子株。■忍冬科 ■多年生草本植物 ■20～40cm ✿4～5月 ■本州～九州 ■潮濕的樹林中

🍃 會在春季與秋季 2 度開花

大丁草會在春季與秋季 2 度開花，在秋季綻放的花朵稱作「閉鎖花」，很容易被誤認為不是同一種植物。閉鎖花是指不張開花瓣、自己與自己的花粉授粉的植物體。其所產生的後代子孫，由於僅與母株的基因組合，所以少有基因上的多變性，但是可以確實綿延子孫。除此之外，東北菫菜（→ P.91）以及戟葉蓼（→ P.119）等多種植物也有閉鎖花。

▲大丁草的閉鎖花。花莖比春季時來得長。

仙洞草

會綻放出有 5 片花瓣的小白花。■繖形科 ■多年生草本植物 ■10～25cm ✿3～5月 ■北海道～九州 ■樹林中、林邊

葉子前端尖銳。

葉片柔軟。

紫背金盤

整株植物被白毛覆蓋。因為許多小花叢生在一起，看起來很像和服的十二單，故日本方面將其命名為「ジュウニヒトエ」。■唇形科 ■多年生草本植物 ■10～25cm ✿4～5月 ■本州、四國 ■樹林中、林邊

短柄野芝麻

有白花及粉紅色花的物種。花朵姿態看起來很像是帶著花笠的日本舞舞者。■唇形科 ■多年生草本植物 ■30～50cm ✿4～5月 ■北海道～九州 ■林邊、草地

莖的前端會綻
放數朵花。

小葉

三葉委陵菜
有3片小葉，莖會橫長、
匍匐擴大生長範圍。▨薔
薇科 ■多年生草本植物 ▥
15～30cm ✿ 4～5月 ■
本州～九州 ■林邊、草地

花凋謝後，葉
子會變大。

筆龍膽
會於春季綻放的小型龍膽（→P.117），常見
於林邊等處。■龍膽科 ■二年生草本植物 ▥ 5～
15cm ✿ 3～5月 ■北海道～九州 ■林邊、草地

梓木草
生長於乾燥的林邊，會綻放藍紫色的心形花
朵。▨紫草科 ■多年生草本植物 ▥ 15～20cm
✿ 4～5月 ■日本全國 ■林邊、草地

琉璃草
生長於山野間、有點陰暗潮濕
的地方，會不停地綻放出淺藍
色的花。▨紫草科 ■多年生草
本植物 ▥ 10～20cm ✿ 4～5
月 ■本州～九州 ■樹林中

放有花蜜的距
（→P.91）。

紫花菫菜 食
相當常見的日本菫菜（→P.91），會綻放出淺
紫色的花。▨菫菜科 ■多年生草本植物 ▥ 10～
30cm ✿ 2～5月 ■日本全國 ■樹林中、路邊 ▥
新芽・花（涼拌菜、湯配料）

實際尺寸

可以藉由距的形狀或尺寸來
區分菫菜科植物的種類。

▲爬滿地面的三葉委陵菜

早春雜木林中的紫花菫菜群落。

莖部向上挺起生長。

心形的葉。

一輪草 毒
春季會一起開花，初夏時期地面上的
植物體會乾枯。整株皆有毒。■毛茛
科 ■多年生草本植物 ■ 10 ～ 30cm ✿
3 ～ 4 月 ■本州～九州 ■樹林中、林邊

莖部分枝成 3 根，每根
分別有 3 片葉子著生。

距（→ P.91）
內存有花蜜。

葉緣會變紅。

▲淫羊藿的花。

花莖（僅有一朵花
的莖）延伸得很長。

淫羊藿 食
會長出讓人聯想到船錨形狀的
花。■小檗科 ■多年生草本植物
■ 20 ～ 40cm ✿ 4 ～ 6 月 ■北海
道、本州 ■山地、樹林中 ■新芽
（天婦羅）

進入冬季，葉子
也不會乾枯。

鵝掌草 食
因為會分別開出 2 朵花，故日
本方面命名為「ニリンソウ（二
輪草）」，2 朵花的開花時期
會稍微錯開。■毛茛科 ■多年生
草本植物 ■ 15 ～ 25cm ✿ 4 ～ 5
月 ■北海道～九州 ■樹林中、林
邊 ■莖・葉（涼拌菜、醬拌菜）

葉子有厚度、
帶有光澤。

蝴蝶花 外
即使開花也不結果，地下莖
會延伸、增長。 ■鳶尾科 ■多
年生草本植物 ■ 30 ～ 70cm ✿
4 ～ 5 月 ■中國原產 ■樹林中

▲竹林與柳杉林等群生處。

日本薹草
常綠性的薹草，葉子到了冬
季依舊青綠、不會乾枯。■
莎草科 ■多年生草本植物 ■
30 ～ 60cm ✿ 3 ～ 5 月 ■本
州～九州 ■樹林中、林邊

■科名 ■生長狀態 ■尺寸 ✿開花期 ●結果期 □分布地點或原產地 ■可見地點 ■食用方法 外外來物種 食可食植物 毒有毒植物

蝦脊蘭

花朵一般呈褐色，僅有下方的唇形花瓣是白色的，每一株的花色會有所不同。■蘭科 ■多年生草本植物 ■ 30～50cm ✿ 4～7月 ■日本全國 ■樹林中

內部有雌雄蕊兩者合生而成的「蕊柱」。

▶ 蝦脊蘭的近似物種──「黃根節蘭」。比較接近園藝品種。

2片葉子，上下錯開。

袋狀花瓣。

春蘭 🍴

生長於乾燥的樹林中，別名「朵朵香」、「雙飛燕」等。
■蘭科 ■多年生草本植物 ■ 20～40cm ✿ 4～10月 ■北海道～九州 ■樹林中 ■花（鹽漬、醋拌菜）

僅有2片葉子。

扇脈杓蘭

喜愛生長於柳杉林或竹林處。花形看起來像源氏物語中武將──熊谷直實的斗篷（披在盔甲上，可以預防箭擊的布），故日本方面將其命名為「クマガイソウ」。■蘭科 ■多年生草本植物 ■ 20～40cm ✿ 4～9月 ■北海道～九州 ■樹林中

群生在樹林地面的扇脈杓蘭。

金蘭

會綻放出黃色的花朵，原本是一般常見的蘭花，但是因人們任意摘取，數量急遽減少中。■蘭科 ■多年生草本植物 ■ 20～50cm ✿ 4～5月 ■本州～九州 ■樹林中

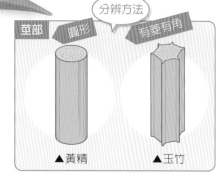

寶鐸草 _毒

莖的上半部有分枝，會綻放非常淺綠色的花。整株皆有毒。■秋水仙科 ■多年生草本植物 ■30～60cm ❋4～5月 ■日本全國 ■樹林中

山東萬壽竹

莖部前端會著生 1～2 朵白花。花凋謝後會長出黑色果實。■秋水仙科 ■多年生草本植物 ■15～30cm ❋4～5月 ■北海道～九州 ■樹林中

黃精 _食

和玉竹很相似，但是葉子細長，莖部剖面呈圓形。會在葉緣著生 1～5 朵花。■百合科 ■多年生草本植物 ■50～80cm ❋4～6月 ■本州～九州 ■樹林中、林邊 ■新芽（天婦羅、醬拌菜、涼拌菜）

花朵向下垂吊著。

花瓣向內彎曲。

蜜標
宣告這裡有花蜜。

雌蕊　　雄蕊

豬牙花 _食

一到春季，很快就開花，會結果。往往在其他植物生長發育之前，地面上的部分就已枯死。■百合科 ■多年生草本植物 ■20～30cm ❋3～5月 ■北海道～九州 ■樹林中 ■鱗莖（烹煮）、新葉（醬拌菜、涼拌菜）

有 2 片葉子著生。

玉竹 _食

葉子側邊會分別長出 1～2 朵花。秋天會長出藍黑色的果實。■天門冬科 ■多年生草本植物 ■30～60cm ❋3～5月 ■北海道～九州 ■林邊、草地 ■新芽（天婦羅、醬拌菜、涼拌菜）

有些地區會禁採豬牙花。

分辨方法

莖部　圓形　　　有稜有角

▲黃精　　　▲玉竹

🍃 能被螞蟻搬運的種子

豬牙花的種子會分裂成 2 個部分，比較大的是種子本身，小的部分則會發出氣味吸引螞蟻。這個部分稱作「脂質體（Elaiosome）」，能夠讓這些掉落在地面上的豬牙花種子被螞蟻搬運至巢穴，等螞蟻去除它們想要的部分後，種子會再被搬運出巢穴，即可藉此發芽、成為一株新的豬牙花。

正在搬運豬牙花種子的黃腳黃山蟻。

雜木林間的植物 春

■科名 ■生長狀態 ■尺寸 ❋開花期 ●結果期 ■分布地點或原產地 ■可見地點 ■食用方法 _外外來物種 _食可食植物 _毒有毒植物

細齒天南星 毒

新芽時的偽莖（葉鞘包裹住莖部），帶有像蝮蛇一樣的斑紋。整株皆有毒。■天南星科 ■多年生草本植物 ■30～60cm ❀4～5月 ■北海道～九州 ■樹林中

🍃 捕捉蟲的圈套

細齒天南星的雄花與雌花生長在不同植物體上。拜訪雄花的昆蟲可以從花朵下方的出口爬出。然而，雌花的出口卻非常窄小，昆蟲難以爬出。這時，沾染在昆蟲身上的花粉就會附著在雌蕊上，並且進行授粉作業。

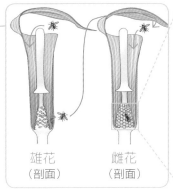

▲藉由從雄花移動至雌花的昆蟲進行授粉。

雄花（剖面）　雌花（剖面）

▲開花後，被關在雌花內的蠅類昆蟲屍體。

進入秋季，就會出現長得很像玉米的紅色果實。

銀線草的花穗僅有一個，故日本方面命名為「ヒトリシズカ（一個人的寧靜）」。

銀線草

花朵沒有花瓣也沒有花萼，如線般延伸出來的白色雄蕊非常明顯。■金粟蘭科 ■多年生草本植物 ■20～30cm ❀3～5月 ■北海道～九州 ■樹林中

佛焰苞
包裹著肉穗花序（→P.172）。

整株，特別是球莖與果實部位有毒。

線狀延伸的附屬部位。

花（開放花）　花（閉鎖花）

及己

從夏季直到秋季，花苞會一直閉鎖到成熟為止，閉鎖花的花穗會附著在莖部。■金粟蘭科 ■多年生草本植物 ■30～60cm ❀4～6月 ■日本全國 ■樹林中

浦島天南星 毒

會從佛焰苞延伸、垂墜出一條線狀的附屬部位，往往讓人聯想到浦島太郎的釣魚線。■天南星科 ■多年生草本植物 ■30～50cm ❀3～5月 ■北海道～九州 ■林邊、草地

蕨類～藉由孢子繁殖的植物

蕨類（蕨類植物）並不是用種子繁殖，而是藉由孢子。
因此，它們不會開花。
孢子會長在葉子背面或是葉緣等部位，乘風飄散出去。

植物體的結構與一生

我們看到的蕨類，由於會產生孢子，所以又稱作「孢子體」。生長在地面上的部分，全是葉子，莖部會以根莖的形式隱藏在地面之下。蕨類會在葉子背面等處製造出孢子。

孢子成熟後，被稱作前葉體（配偶體）的部位會呈現1cm左右的心形狀態。前葉體當中擁有可以製造精子的部位，以及可以製造卵子的部位，製造出來的精子可以在水中游泳，遇到卵後才進行受精。受精後，會產生孢子體、生長繁殖。

葉子
蕨類通常是由許多小葉組合而成的大葉（複葉）。

孢子體

▲葉子背面有個裝滿孢子的袋狀物（孢子囊）。

葉柄
看起來像莖部，但其實是葉子的一部分。

黑足鱗毛蕨
葉子小，呈橢圓形。
■鱗毛蕨科 ■40～100cm ■本州、四國、九州 ■樹林中

鱗片
剝開葉柄根部，長得很像魚鱗的東西。

根莖
這個部分會在土壤中與莖部連接在一起。

根部
細小分歧的根。會從根莖處長出來。

前葉體（配偶體）
製造卵的部位。
製造精子的部位。

孢子

精子與卵子受精。
精子

孢子會長出植物體。

各種蕨類

日本約有800種蕨類。身邊常見的種類也很繁多。

▼會在春季成長的「問荊（筆頭菜）」。莖部前端有個裝有孢子的袋狀物。

問荊（筆頭菜）🍴
用來製造孢子的莖部僅會在春季生長，日本方面命名為「つくし」。問荊的葉子較短，莖部周圍呈輪狀。■木賊科 ■10～30cm ■日本全國 ■路邊 ■問荊（筆頭菜）（醬煮、醬拌菜）

▼可食用的嫩芽。

歐洲蕨🍴☠
剛生長出來的嫩芽可作為山菜食用。葉子直接吃有毒。■碗蕨科 ■50～100cm ■日本全國 ■草地、堤防 ■嫩芽（醬拌菜）、根莖磨成粉（日式和菓子）

棕鱗耳蕨
葉子呈放射狀擴散。■鱗毛蕨科 ■50～120cm ■本州～九州 ■樹林中

雜木林間的樹木 春

糯米條 食

果實味甜，可食用。是忍冬（→ P.146）的近似物種。■
忍冬科 ■落葉灌木 ■ 0.5〜2m ❀ 3〜4月 ❧ 6月 ■北海道〜
九州 ■樹林中、林邊 ■果實（生吃）

果實

花向下著生。

尺寸 Check

密花灰木

會長出深藍紫色的果實。製作染布
時，木灰質可以幫助染料定色在纖
維上。■灰木科 ■落葉灌木 ■ 2〜
4m ❀ 5〜6月 ❧ 10〜11月 ■北海
道〜九州 ■樹林中、林邊

果實

尺寸 Check

果實

花朵會向下綻放。

野茉莉 毒

果實有毒，但是捏碎果實可以取代作為肥皂使
用。■野茉莉科 ■落葉小喬木 ■ 3〜8m ❀ 5〜
6月 ❧ 8〜10月 ■日本全國 ■林邊

尺寸 Check

山杜鵑

野生杜鵑代表物種，初夏時期會開
出朱砂色或是紅色的花。■杜鵑花
科 ■半常綠灌木 ■ 1〜3m ❀ 4〜6
月 ❧ 8〜10月 ■北海道〜九州 ■
樹林中、林邊、草地

尺寸 Check

葉與花同時長出。

有春季長出、秋季凋謝的葉
子，也有從夏季長到秋季，
可以度過冬天的葉子。

尺寸 Check

山茶花 食

繡眼鳥等野鳥會幫忙運送花粉。種子可榨成油。
■山茶科 ■常綠小喬木 ■ 5〜6m ❀ 11〜12月、
2〜4月 ❧ 9月 ■本州〜琉球群島 ■樹林中 ■花
苞、花朵（天婦羅、醬拌菜）、種子（油）

■科名 ■生長狀態 ■尺寸 ❀開花期 ❧結果期 ■分布地點或原產地 ■可見地點 ■食用方法 外外來物種 食可食植物 毒有毒植物

133

尺寸
Check

雌花

雄花

花

青莢葉 食
雌雄異株。會在接近葉子中央位置開花結果。
■青莢葉科 ■落葉灌木 ■ 1〜3m ❀ 4〜6月 🍎
8〜10月 ■北海道〜九州 ■樹林中、山地、山間
溪谷邊 ■新芽（天婦羅、涼拌菜、湯配料）

雄花

苦木
雌雄異株。如其日
文名稱「ニガキ」，
樹皮及葉子等帶有
強烈苦味。■苦木科
■落葉喬木 ■ 5〜
15m ❀ 4〜5月 🍎 9
月 ■日本全國 ■樹林
中

雌花

枹木
雌雄異株。開花期間，
周圍會環繞著一股瓦斯
臭氣。■五列木科 ■常綠
灌木〜小喬木 ■ 1〜10m
❀ 3〜4月 🍎 10〜11月
■本州〜琉球群島 ■樹林
中、林邊

鋸齒
葉緣呈鋸齒刺狀。

雄花

尺寸
Check

尺寸
Check

🍃 由人類維護的雜木林

　　雜木林是在原本自然的森林中，加入一些人為建設的森林。人類
為了生活所需，必須使用樹木製作成炭或是柴、收集落葉製成堆肥。
在麻櫟（→ P.162）、枹櫟（→ P.163）等以落葉闊葉樹為主的雜木林
中，日光會照射至林間地面，讓多種樣貌的草本植物得以生長。此外，
由於食物來源豐富，許多動物也會棲息在此。

　　如果人類不去管理、維護雜木林，一旦小葉青岡（→ P.163）等
常綠闊葉樹入侵，一整年就都會是黑森林，因而無法維持多樣的生態
系。

▶適度採伐、除草、清除落葉，
能夠確保雜木林生態穩定。

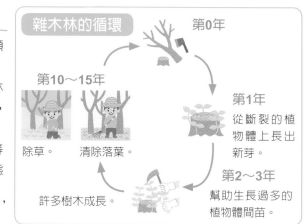

雜木林的循環

第0年

第10〜15年

除草。　　清除落葉。

許多樹木成長。

第1年
從斷裂的植
物體上長出
新芽。

第2〜3年
幫助生長過多的
植物體間苗。

■科名 ■生長狀態 ■尺寸 ❀開花期 🍎結果期 ■分布地點或原產地 ■可見地點 ■食用方法 外外來物種 食可食植物 毒有毒植物

上溝櫻 🍎

有葉子著生的樹枝前端開出許多各有 5 片花瓣的小花。秋季會長出由紅轉黑色的成熟小果實。 ■薔薇科 ■落葉喬木 ■ 5 〜 20m ❀ 4 〜 5 月 🍎 8 〜 9 月 ■北海道〜九州 ■樹林中、山地、山間溪谷邊 ■果實（水果酒、鹽漬）

葉子著生於長有花朵的樹枝根部。

會開出很像穗的小花。

尺寸 Check

尺寸 Check

雌花

雄花

小溝樹

小溝樹（姬楮）與近似物種、台灣俗稱「鹿仔樹」的樹，皆稱作「構樹」，可以作為和紙的原料。 ■桑科 ■落葉灌木 ■ 2 〜 5m ❀ 4 〜 5 月 🍎極少結果 ■本州〜九州 ■林邊

尺寸 Check

▲溝樹樹皮可以作為和紙原料。

紅葉莓 🍎

僅分布在東日本，西日本可以看到近似物種——長葉紅葉莓。 ■薔薇科 ■落葉灌木 ■ 0.5 〜 2m ❀ 4 月 🍎 6 〜 7 月 ■本州 ■林邊 果實（生吃、果醬、果汁）

尺寸 Check

葉子長得很像楓葉。

花會向下綻放。

日本山櫻

山林間野生的代表性櫻花物種。葉與花會同時長出。 ■薔薇科 ■落葉喬木 ■ 5 〜 25m ❀ 3 〜 4 月 🍎 5 〜 6 月 ■本州〜九州 ■樹林中、山地

大果山胡椒

雌雄異株。種子可以榨油，以往曾作為燈油使用。 ■樟科 ■落葉灌木 ■ 2 〜 5m ❀ 3 〜 4 月 🍎 9 〜 10 月 ■本州〜九州 ■樹林中、山地

尺寸 Check

花會向下垂。

烏樟

雌雄異株。樹枝可製作成牙籤。日本海那一側有野生的變種植物體——「大葉釣樟」。 ■樟科 ■落葉灌木 ■ 2 〜 5m ❀ 4 月 🍎 9 〜 10 月 ■本州〜九州 ■樹林中、山地

尺寸 Check

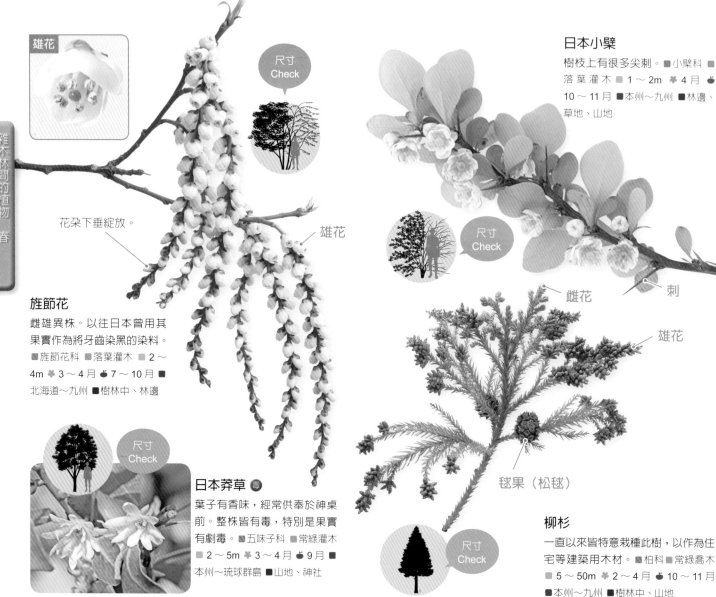

雄花

尺寸
Check

花朵下垂綻放。

雄花

旌節花

雌雄異株。以往日本曾用其果實作為將牙齒染黑的染料。■旌節花科 ■落葉灌木 ■2～4m ❀3～4月 ❀7～10月 ■北海道～九州 ■樹林中、林邊

尺寸
Check

日本莽草 （毒）

葉子有香味，經常供奉於神桌前。整株皆有毒，特別是果實有劇毒。■五味子科 ■常綠灌木 ■2～5m ❀3～4月 ❀9月 ■本州～琉球群島 ■山地、神社

果實

尺寸
Check

日本辛夷

果實形狀很像緊握的拳頭，故日本方面命名為「コブシ」。■木蘭科 ■落葉喬木 ■5～15m ❀3～4月 ❀9～10月 ■北海道～九州 ■樹林中、山地

日本小檗

樹枝上有很多尖刺。■小檗科 ■落葉灌木 ■1～2m ❀4月 ❀10～11月 ■本州～九州 ■林邊、草地、山地

尺寸
Check

雌花

刺

雄花

毬果（松毬）

柳杉

一直以來皆特意栽種此樹，以作為住宅等建築用木材。■柏科 ■常綠喬木 ■5～50m ❀2～4月 ❀10～11月 ■本州～九州 ■樹林中、山地

尺寸
Check

🍃 討人厭的柳杉花粉

　　會造成花粉症原因之一的柳杉幾乎都是植樹造林而來，占了日本森林的五分之一（2012年）。日本昭和時代初期（1926年～），為了戰後復興，幾乎把在日本山區的樹木都砍光了，日本到處都是光禿禿的山。然而，只要山區稍有降雨，就會引發大洪水。因此，只好在這些光禿禿的山上統一種植了柳杉與日本扁柏。結果，雖然不再有洪水氾濫問題，卻成了惱人的花粉症原因之一。

▲花粉如煙霧般向上翻騰的柳杉。

生長快速的竹子

竹子不會像樹木一樣逐年變得粗壯，
也不會像草本植物，在一到數年內就枯萎。
竹子的一些成長特徵，是在木本與草本植物上看不見的。

從竹筍到竹子

　　大家都知道竹子的生長速度非常快。其祕密在於「節間生長」這種獨特的生長型態。一般植物會在莖部前端的「生長點」進行旺盛的細胞分裂後生長。相對於此，竹子的每個節都有「生長帶」，細胞可以在該生長帶上延伸、生長，稱作「節間生長」。一般而言，竹子有數十個節。由於竹子可以成長的部分較多，所以會比一般植物的成長更為快速。特別為人所知的是孟宗竹，幾週內即可成長 20m。

▶孟宗竹的竹筍剖面。可以看到有許多的節。

●竹子的生長狀態

❶ 竹筍的狀態。節與節之間還很窄。

❷ 細胞在每個節的生長帶中旺盛延伸、生長，節與節之間變寬。

❸ 生長到一定的程度後，外皮（竹皮）就會剝落，成為竹子。之後也會持續進行「節間生長」。

各種類型的竹子

　　日本的竹子物種，可分為「竹」以及「笹」。分辨方法是「竹」的皮容易剝開，「笹」的皮則無法剝開。

花

青苦竹
日本關東地區最常見的「笹」，只要放在雜木林中就會出現一片竹叢。

山白竹
經常栽種於庭園等處。

▶孟宗竹的竹筍。和「剛竹」比較起來，孟宗竹的竹筍非常粗大。

剛竹
竹節上有 2 個環。竹筍會在 6 月左右冒出。

▲ 剛竹的竹筍。比較細長。

孟宗竹
竹節上僅有一個環。春季冒出的竹筍可供食用。

分辨方法

竹節上有 2 個環　　竹節上僅有一個環

▲剛竹　　▲孟宗竹

雜木林間的植物 夏

●日本薯蕷（→ P.143）

大紫蛺蝶

大虎頭蜂

獨角仙

日銅羅花金龜

●蕎麥葉貝母（→ P.142）

擬變色細頸金花蟲

●日本鹿蹄草（→ P.141）

竹節蟲

白蛺蝶的幼蟲

熊蜂

●金絲桃（→ P.142）

●紫斑風鈴草（→ P.140）

●忍冬（→ P.146）

夏季樹木的葉子茂密，雜木林變得比
春季時稍微昏暗。
因此，常見一些即使在光線較少處，
也能生長的植物，
這些植物可以在炎熱時期開花。

○羅氏鹽膚木
（→ P.148）

黃灰蝶

○日本栗
（→ P.148）

○澤八仙花
（→ P.151）

流紋環蛺蝶

○矮桃
（→ P.141）

食蝸步行蟲

雜木林間的草花植物 夏

雌蕊成熟時，雄蕊枯萎。

昭和草 外 食

會隨著山林採伐或是森林火災而突然生長，在植被恢復的同時又會失去蹤跡。 ■菊科 ■一年生草本植物 ■30～70cm ❀8～10月 ■非洲原產 ■林邊、伐採地 ■莖‧葉（醬拌菜）

花朵會吸引丸花蜂（熊蜂）前來。

頭狀花序
小花聚生。向下生長。

▲下方的葉子（左）有分裂，但是上方的葉子（右）並沒有分裂。

紫斑風鈴草 食

會綻放出白色或是粉紅色的大型吊鐘型花朵。 ■桔梗科 ■多年生草本植物 ■30～80cm ❀5～7月 ■北海道～九州 ■林邊、山地 ■新芽（醬拌菜、涼拌菜）

變豆菜

果實滿布勾刺，可以勾在衣服上。 ■繖形科 ■多年生草本植物 ■30～80cm ❀6～8月 ■北海道～九州 ■樹林中、山地

切開莖部，會流出白色液體。

← 莖部前端著生許多小花。

土黨參 食

根部粗壯，形狀類似朝鮮人參。 ■桔梗科 ■多年生蔓性草本植物 ❀7～9月 ■北海道～九州 ■林邊、山地 ■新芽（涼拌菜、天婦羅）

花

果實

鴨兒芹 食

芹菜的近似物種，兩者皆擁有美好的氣味，亦可栽種作為食用蔬菜。 ■繖形科 ■多年生草本植物 ■30～80cm ❀6～7月 ■北海道～九州 ■樹林中、林邊 ■新芽‧葉（湯配料、涼拌菜）

■科名 ■生長狀態 ■尺寸 ❀開花期 ●結果期 ■分布地點或原產地 ■可見地點 ■食用方法 外外來物種 食可食植物 毒有毒植物

花穗前端會向下垂。

日本鹿蹄草

與菌類共生（→ P.90），提供菌類養分。葉子有厚度，呈深綠色。■杜鵑花科 ■多年生草本植物 ■ 15～30m ❀ 6～7月 ■北海道～九州 ■樹林中、山地

葉子根部連接處呈紅色。

透骨草 毒

熬煮根部的汁液，可以做成捕蠅紙。整株皆有毒。■透骨草科 ■多年生草本植物 ■ 30～70cm ❀ 7～8月 ■北海道～九州 ■樹林中、林邊

絞股藍 食

雌雄異株。直接咀嚼生葉，帶有些微甜味。■葫蘆科 ■多年生蔓性草本植物 ❀ 7～9月 ■日本全國 ■樹林中、林邊、山地 ■莖・葉（茶）

矮桃

白色的花穗會吸引很多昆蟲前來。■報春花科 ■多年生草本植物 ■ 60～100cm ❀ 6～7月 ■北海道～九州 ■草地、山地

雄花

會在根部長出數片葉子。

種子

王瓜 食

雌雄異株。會綻放出白色的花，種子形狀很像是打了一個結。■葫蘆科 ■多年生蔓性草本植物 ❀ 7～9月 ■本州～九州 ■林邊、欄杆 ■嫩葉（天婦羅、煎炒）、新鮮果實（醃漬）

果實

🌿夜晚開花的玉瓜

　　玉瓜的花會讓雀蛾等天蛾幫忙運送花粉。由於雀蛾會在夜晚活動，所以玉瓜花也會在夜晚綻放。白色的花瓣周圍有細線，是為了在昏暗的夜裡更加醒目。

前來吸取玉瓜花蜜的雀蛾。

日本路邊青

因為其根部的葉子長得和蘿蔔葉很像，故日本方面命名為「ダイコンソウ（蘿蔔草）」。■薔薇科 ■多年生草本植物 ■50～80cm ✿6～8月 ■北海道～九州 ■樹林中、山地

果實

花

金絲桃

因可作為藥草而廣為人知，拔斷葉子流出的汁液可止痛。葉與花瓣、花萼上有很多黑點，相當醒目。■金絲桃科 ■多年生草本植物 ■20～60cm ✿7～8月 ■日本全國 ■林邊、草地

透光觀察葉子，即可看到黑點。

虎耳草 食

從植物體根部橫長出紅色的莖部，並且在前端長出子珠。■虎耳草科 ■多年生草本植物 ■20～50cm ✿5～6月 ■本州～九州 ■山地、岩壁 ■葉（天婦羅、涼拌菜）

葉子上長有粗糙的毛。

大戟 毒

雄花與雌花聚生在包裹花朵的總苞當中。整株皆有毒。■大戟科 ■多年生草本植物 ■30～80cm ✿6～8月 ■本州～九州 ■山地、林邊

花

匐匐莖
橫向匐匐生長的莖部。

果實

杜若

生長在陰暗潮濕處。有雄花及雌花。■鴨跖草科 ■多年生草本植物 ■50～100cm ✿7～9月 ■本州～九州 ■樹林中、林邊

蕎麥葉貝母 食

花朵橫向生長，不太會開花。開花時期，葉子就會枯萎。■百合科 ■多年生草本植物 ■60～100cm ✿7～8月 ■本州～九州 ■林邊、樹林中 ■鱗莖（天婦羅、烹煮）

葉子表面粗糙。

■科名 ■生長狀態 ■尺寸 ✿開花期 ●結果期 ■分布地點或原產地 ■可見地點 ■食用方法 ■外來物種 食可食植物 毒有毒植物

麥冬

因為葉子長得很像龍鬚，故日本方面將其稱作「リュウノヒゲ」。🌿天門冬科 ■多年生草本植物 ■10～20cm ❀7～8月 ■北海道～九州 ■樹林中、神社

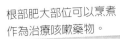

根部肥大部位可以烹煮作為治療咳嗽藥物。

菝葜 🍱

雌雄異株。會延伸的蔓性植物，外觀看起來很像捲曲的鬍鬚。🌿菝葜科 ■多年生蔓性草本植物 ❀7～8月 ■北海道～九州 ■林邊、草地 ■新芽（天婦羅、湯配料、涼拌菜）

▶菝葜可做成山菜，中文名叫做「牛尾菜」。

菝葜的雄株。

種子

▲種子在秋末到初冬會成熟轉變為深藍色。

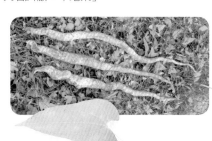

◀日本薯蕷。會在地面延伸生長。

圓葉玉簪 🍱

春季發出的新芽，日文稱作「ウルイ」，是非常受歡迎的一道山菜。🌿天門冬科 ■多年生草本植物 ■60～100cm ❀7～8月 ■北海道～九州 ■樹林中、草地 ■新芽（涼拌菜、天婦羅、湯配料）

雌花

著生 2 片葉子。

珠芽（繁殖體）掉落在地上，就會長出新芽。

山萆薢 ☠

雌雄異株。與日本薯蕷類似，但是葉子呈心形，薯有毒。🌿薯蕷科 ■多年生蔓性草本植物 ❀7～8月 ■北海道～九州 ■林邊、欄杆

不會長出珠芽。

日本薯蕷 🍱

雌雄異株。野生的薯蕷，又稱「自然薯（野山藥）」。🌿薯蕷科 ■多年生蔓性草本植物 ❀7～8月 ■本州～琉球群島 ■林邊、欄杆 ■珠芽（涼拌菜、拌飯）、薯（山藥泥）

苔蘚～陸生植物的先鋒隊

在潮濕的地面或是岩石等處，經常會看見一些綠色的小型植物，那就是苔蘚（苔蘚植物）。事實上，最早登陸至地面生活的植物物種正是苔蘚。

▶ 從「朔」中，彈飛出來的孢子。蘚類的朔成熟後，長得像蓋子的朔帽就會打開，孢子即可從中出來。

植物體的結構與一生

世界上約有 2 萬種以上的苔蘚近似物種。可分為苔類、蘚類、角蘚類等 3 大族群。苔蘚不是由種子繁殖，而是用孢子來繁殖，整株植物上沒有根部也沒有維管束。孢子發芽後，就會成為「配子體」。先成為一種長得很像絲線的「原絲體」，並且在上面發出芽，再發展成為主體的莖部與葉。一般有性別之分，雄株製造出的精子好不容易與雌株製造出的卵子結合受精後，會形成「孢子體」。「孢子體」會直接在雌株的前端發展生長，並且在「朔」中製造出孢子。

孢子體
用來製造孢子的部位。雄株的精子與雌株的卵子受精後，就會在雌株前端成長發育為受精卵並且形成孢子體。

孢子
能夠成長發育成苔蘚的小顆粒。會隨風飄散到遠方。

原絲體
孢子會在水分與溫度充足的情況下發芽，再變成絲線形狀的原絲體。

▼金髮蘚近似物種的配子體。前端出現類似花朵形狀的是雄株。

製造精子的部分。

製造卵子的部分。

雄株

雌株

雄株

配子體
原絲體會變成雄株與雌株。雄株中有可以製造精子的部分，雌株則具有可以製造卵子的部分，因下雨等原因，苔蘚被水打濕後，精子就會在水中游泳抵達卵子，而後受精。

蒴
製造孢子
的部分。

蒴帽
配子體。
用來保護
孢子體。

日本人喜歡苔蘚？

苔蘚生長在潮濕的地方。常見於岩壁等處，雖然有些人不甚喜歡苔蘚，但是密集生長得像地毯般的苔蘚，看起來相當優美。日本方面有在庭園等處鋪設整片苔蘚作為景觀的文化，各地也有被稱作「苔寺」等知名的苔蘚景點。

▲ 群生的小金髮蘚。延伸生長的孢子體前端、看起來白白的部分是像戴著帽子的蒴。

各式各樣的苔蘚物種

幾乎所有的苔蘚都喜愛潮濕的地方，會在地面、岩石等擴大生長範圍

雌株

葉
進行光合作用、製造糖分

小金髮蘚
（蘚類）
群生於山邊的草坡或是裸地，近來發現也會在稍微乾燥的地方生長。

地錢（苔類）
雌株長得很像椰子樹，雄株長得很像扁平的盤子。是成長快速的一種苔蘚。

浮蘚（苔類）
漂浮在池塘等水面的苔蘚。葉子長得很像銀杏葉，待成長到半塊日圓硬幣以上的大小後，會分裂成兩片。

莖部
用來支撐配子體、孢子體的部位。

假根
用來附著於地面或是岩石等處。類似種子植物的根，可以吸收土壤中的水分及養分，但是假根搬運水分與養分到植物主體的能力較弱。

藻苔（蘚類）
僅生長在日本高山等處，是相當珍貴的苔蘚，被選定為瀕危物種之一。會發出美好的香氣。

光苔（蘚類）
原絲體的細胞會反射光線，是會發出黃綠色光的苔蘚。在日本設有被指定為「國家自然紀念物」的保育地。

尺寸
Check

忍冬（金銀花）食

由於花會從白色變化成黃色，故又稱「金銀花」。■忍冬科 ■半常綠蔓性木本植物 ✿ 5～6月 ● 9～12月 ■北海道～九州 ■林邊、路邊、欄杆 ■新芽（天婦羅、涼拌菜）

芽

遼東楤木 食

春季隆起的新芽，被稱作「木芽」，可供食用。■五加科 ■落葉灌木 ■ 2～5m ✿ 8～9月 ● 10～11月 ■北海道～九州 ■林邊、荒野 ■新芽（天婦羅、涼拌菜）

尺寸
Check

芽

尺寸
Check

刺楸 食

樹形巨大，常被作為木材使用。枝幹上有尖銳的刺。■五加科 ■落葉喬木 ■ 10～25m ✿ 7～8月 ● 12～2月 ■北海道～九州 ■樹林中、山地 ■新芽（天婦羅、涼拌菜）

星形花萼的中間，著生藍色的果實。

海州常山 食

葉子上帶有獨特的味道，故日本方面將其命名為「クサギ（臭木）」。■唇形科 ■落葉灌木 ■ 2～6m ✿ 7～9月 ● 10～12月 ■日本全國 ■樹林中、山地 ■新芽（天婦羅、涼拌菜、煎炒）

花

絡石 毒

從藤蔓長出的根部會附著、攀爬在樹幹或是牆壁上。整株皆有毒。■夾竹桃科 ■常綠蔓性木本植物 ✿ 5～6月 ● 11～12月 ■本州～九州 ■樹林中、岩壁

花朵帶有非常美好的香氣。

■科名 ■生長狀態 ■尺寸 ✿開花期 ●結果期 ■分布地點或原產地 ■可見地點 ■食用方法 ◎外來物種 食可食植物 毒有毒植物

葛棗獼猴桃（木天蓼）食

雌雄異株。開花期，樹枝前端的葉子會變白。是奇異果的近似物種。🌿獼猴桃科 ▇落葉性蔓性木本植物 ✿6〜7月 🍎10月 ▇北海道〜九州 ▇林邊、山地 ▇果實（水果酒）

蟲癭（→P.107）
一旦遇上葛棗獼猴桃蠅這種蟲，果實就會變成瘤狀。

▶正常果實的形狀。

紅淡比

樹枝會用於祭祀，因此經常種植於神社內。🌿五列木科 ▇常綠小喬木 ▇2〜10m ✿6〜7月 🍎11〜12月 ▇本州〜九州 ▇山地、神社

果實

尺寸 Check

食茱萸

樹枝與樹幹上有刺。只要有被採伐過，就會快速生長。🌿芸香科 ▇落葉喬木 ▇5〜15m ✿7〜8月 🍎11〜1月 ▇本州〜九州 ▇伐採地、裸地、河岸

尺寸 Check

🍃真的可以「給貓木天蓼」嗎？

日本有句諺語：「給貓木天蓼」，用來比喻應該給人喜好之物。事實上貓只要嗅到木天蓼的味道，就會很開心地接近。木天蓼中含有「獼猴桃鹼」等物質，具有能讓貓科動物呈現類似酒醉狀態的效果。不僅是貓，對於獅子等動物亦會產生相同的效果。

▶喜愛木天蓼的貓咪。

果實

燈台樹的新芽。

尺寸 Check

燈台樹

嫩枝以及冬芽帶有紅色，在冬季特別醒目。🌿山茱萸科 ▇落葉喬木 ▇5〜20m ✿5〜6月 🍎6〜10月 ▇北海道〜九州 ▇樹林中、山地、水邊、公園

果實

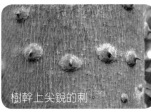

樹幹上尖銳的刺

雜
木
林
間
的
植
物
夏

▲一到秋季就會轉變
為火紅的紅葉。

尺寸
Check

漆樹 外 毒

雄雌異株。樹皮受傷時所流出的樹
液可以作為油漆原料。整株皆有
毒，若皮膚碰到樹液，會起斑疹。
■漆樹科 ■落葉小喬木 ■ 3 ～ 10m
✽ 5 ～ 6 月 ● 8 ～ 9 月 ■中國原產
■傾斜地

藤漆 毒

會攀爬在樹木或牆壁上。到了秋季葉子會轉紅。與漆樹一樣，
若皮膚碰到樹液，會起斑疹。■漆樹科 ■落葉蔓性木本植物 ✽
5 ～ 6 月 ● 8 ～ 9 月 ■北海道～九州 ■樹林中、山地

翅
板狀突起。

尺寸
Check

羅氏鹽膚木 毒

在葉子上隆起的蟲癭
（→ P.107）富含單寧，
可作為染料使用。整株皆
有毒。■漆樹科 ■落葉小喬
木 ■ 2 ～ 10m ✽ 8 ～ 9 月
● 10 ～ 11 月 ■日本全國
■林邊

日本栗 食

秋季會長出被果毬包裹住的果實。花朵
會發出不好聞的氣味，以便吸引昆蟲前
來。■殼斗科 ■落葉喬木 ■ 3 ～ 15m ✽ 6
月 ● 9 ～ 10 月 ■北海道～九州 ■樹林中、
山地、栽培 ■果實（拌飯、糖酒醬燒）

花

■科名 ■生長狀態 ■尺寸 ✽開花期 ●結果期 ■分布地點或原產地 ■可見地點 ■食用方法 外外來物種 食可食植物 毒有毒植物

桑樹 食

雌雄異株。野生的桑樹，有些葉子呈圓形，有些則分裂成細小的葉片，有各式各樣的生長型態。◪桑科 ■落葉灌木 ■3～5m ✿4～5月 ●6～7月 ■日本全國 ■樹林中、路邊、山地 ■果實（生吃、果醬）、新芽（醬拌菜）

花

大黃鱔藤

果實要一年才會成熟，有時可以同時看到花與果實。◪鼠李科 ■落葉蔓性灌木 ✿7～8月 ●8～7月 ■北海道～九州 ■樹林中、山地

尺寸 Check

冠蕊木

大多分布在日本靠太平洋那一側。果實成熟後，周圍的果皮會裂開，讓種子飛出。◪薔薇科 ■落葉灌木 ■1～2m ✿5～6月 ●9～10月 ■北海道～九州 ■臨海樹林中、山地、林邊

尺寸 Check

會開出長得很像齒葉溲疏（→ P.106）的白花。

尺寸 Check

假枇杷 食

雌雄異株。多生長於溫暖的地區，秋季會長出黑色小巧、如無花果般的果實。◪桑科 ■落葉灌木 ■1～5m ✿4～5月 ●10～11月 ■本州～琉球群島 ■臨海樹林中、山地 ■榕果（生吃）

尺寸 Check

實際尺寸

天女栲 食

大型常綠樹，是照葉林的代表性物種。橡實可生吃。◪殼斗科 ■常綠喬木 ■5～20m ✿5～6月 ●10～11月 ■本州～九州 ■山地、神社 ■果實（生吃、煎炒）

果實

🌿 假枇杷與蜜蜂的共生關係

假枇杷（牛乳榕）的花，被稱作「隱頭花序（榕果）」，會在果實形狀的袋子內側開花。由於假枇杷的雄花與雌花是分開的，因此無法直接授粉。有一種「牛奶榕小蜂」可以幫忙授粉。牛奶榕小蜂會鑽入雄花的隱頭花序，並且在內部產卵。孵化的幼蟲就會待在隱頭花序內直到成蟲，等身上沾滿了花粉後才會出去。接著再鑽入雌花的隱頭花序內來回滾動，小蜂就會把身上沾染到的花粉傳送到雌蕊，假枇杷即可完成授粉。小蜂只會在鑽入隱頭花序內後產卵。另一方面，小蜂也可以確保隱頭花序內是安全的，糧食充足的。像這樣無法切割的利益關係，稱作「絕對共生」。

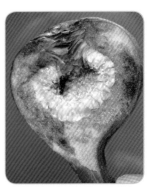

▲鑽入假枇杷隱頭花序內部的牛奶榕小蜂。

雜木林間的植物　夏

▼果實到了冬季會成熟轉紅。

果實

寒莓 (食)
葉子圓，樹枝上有毛與細刺。會匍匐蔓延於地面。■薔薇科 ■常綠蔓性木本植物 ❋9～10月 🍎11～1月 ■本州～九州 ■樹林中、山地 ■果實（生吃、果醬、果汁）

醒目的粉紅色部分是雄蕊。

雄花　果實

野梧桐
雌雄異株。紅色的新芽非常醒目。■大戟科 ■落葉喬木 ■5～15m ❋6～7月 🍎9～10月 ■本州～琉球群島 ■林邊、伐採地、河岸

尺寸 Check

合歡樹
葉子在暗處會閉合。相反的，花朵則會在傍晚以後盛開。■豆科 ■落葉小喬木 ■3～10m ❋6～7月 🍎10～12月 ■本州～琉球群島 ■林邊、河岸

葉子閉合的合歡樹。

尺寸 Check

裸實
沿海地區常見的常綠樹，經常栽種用來作為圍牆。■衛矛科 ■常綠灌木 ■2～5m ❋6～7月 🍎11～1月 ■日本全國 ■臨海樹林中

果實
尺寸 Check

野鴉椿
會開出很多黃綠色的小花。果實成熟後，紅色的皮會裂開，就會出現黑色的種子。■省沽油科 ■落葉灌木 ■3～5m ❋5～6月 🍎9～11月 ■本州～九州 ■林邊

葉子背面會長出白色的毛。

長得像葡萄的果實，成熟後會變成黑色。
雌花

桑葉葡萄 (食)
雌雄異株。會如彈簧般捲曲、攀爬在樹上。■葡萄科 ■落葉蔓性木本植物 ❋6～8月 🍎10～11月 ■本州～琉球群島 ■林邊 ■果實（生吃、果醬）

澤八仙花

花朵與葉子比繡球來得小。葉子前端有尖銳的刺。■繡球花科 ■落葉灌木 ■1～2m ❀6～7月 🍎10～11月 ■本州～九州 ■山間溪谷邊

花序　小花聚生

尺寸
Check

額繡球花 毒

是繡球花（→ P.69）的原始物種。常作為裝飾用花，花序外側被包圍住。整株皆有毒。■繡球花科 ■半常綠灌木 1～3m ❀6～7月 🍎11～12月 ■本州、四國 ■臨海樹林中、栽培

果實

爬牆虎

能藉由吸盤攀爬在牆壁等處的蔓性植物。冬季會落葉。■葡萄科 ■落葉蔓性木本植物 ❀6～7月 🍎10～11月 ■北海道～九州 ■樹林中、林邊、欄杆

花

果實

尺寸
Check

紅楠（豬腳楠）

構成沿海地區樹林的代表性樹木之一。■樟科 ■常綠喬木 ■5～20m ■4～5月 🍎7～8月 ■本州～琉球群島 ■臨海樹林中

葉子會集中著生於樹枝前端。

野木瓜 食

雌雄同株，同一植物體上有雄花與雌花。■木通科 ■常綠蔓性木本植物 ❀4～5月 🍎10～11月 ■本州～琉球群島 ■林邊 ■果實（生吃）

▲果實即使成熟也不會裂開。

🍃 植物作成的家紋

　　日本人自古以來都會選擇一個能夠代表自己家風的圖案，作為家紋標誌。家紋的種類繁多，其中有很多都是以植物為主題。據說被使用的植物種類就超過 50 種。

▲三葉葵

▲五三桐

▲梅鉢

▲下藤

雜木林間的植物 秋 冬

天蠶的繭

○日本栗
（→ P.148）

○枹櫟
（→ P.163）

○漆樹
（→ P.148）

○朴樹
（→ P.163）

○日本烏頭
（→ P.158）

大紫蛺蝶的
幼蟲

白條天牛的幼蟲

○金線草
（→ P.157）

○琴柱草
（→ P.154）

熊蜂

熊蜂

○天名精
（→ P.154）

步行蟲

夏季時栽種的各式植物，其種子會在此時掉落到地面。
等種子度過嚴苛的冬季後，將於春季冒出新芽。
這時落葉樹的葉子掉落，陽光又能照進雜木林間。

鈍肩普緣椿

●垂絲衛矛
（→P.164）

●漸尖葉鹿藿
（→P.156）

●雞爪槭
（→P.161）

臭蝽

●小山螞蝗
（→P.156）

●闊葉山麥冬
（→P.159）

●紅子莢蒾
（→P.159）

食蚜蠅

琉璃蛺蝶

●龍腦菊

●紫金牛
（→P.160）

153

枝頭前端會著生一朵黃色頭狀花序（小花聚生）。

金挖耳

頭狀花序微微向下綻放，看起來很像煙管的煙袋（舊煙管的前端）。■菊科■多年生草本植物 ■ 30～100cm ❀ 8～11 月 ■本州～九州 ■山地

鬼督郵

植物體底部會長出圓形的葉子，讓人聯想到龜殼。■菊科■多年生草本植物 ■ 5～30cm ❀ 9～10 月 ■北海道～九州 ■山地

葉

果實

果實

分辨方法

花

一朵花

有很多小花著生

▲金挖耳　　▲天名精

天名精

與金挖耳類似，但是會著生很多頭狀花序。■菊科 ■多年生草本植物 ■ 50～100cm ❀ 9～10 月 ■日本全國 ■林邊

花朵會以輪狀著生於莖部。

鼠尾草

雖然日文名稱（アキノタムラソウ）與菊科的偽泥胡菜（タムラソウ）（→ P.184）類似，但兩者並非相同物種。與一串紅（緋衣草）（→ P.78）為近似物種。■唇形科 ■多年生草本植物 ■ 30～70cm ❀ 8～11 月 ■本州～琉球群島 ■樹林中、林邊

琴柱草 食

葉子形狀很像鏟子。是景觀栽培植物「一串紅（→ P.78）」的近似物種。■唇形科 ■多年生草本植物 ■ 20～50cm ❀ 9～10 月 ■本州～九州 ■山地 ■新芽（涼拌菜、湯配料）

▲常見於山地陰影處。

花朵會橫向綻放。

實際尺寸

■科名 ■生長狀態 ■尺寸 ❀開花期 ■結果期 ■分布地點或原產地 ■可見地點 ■食用方法 外來物種 食可食植物 毒有毒植物

龍珠 毒

與酸漿（→ P.63）不同，花萼不會長大，所以果實會自行剝出。◙茄科 ■多年生草本植物 ■40～90cm ✿8～10月 ■本州～琉球群島 ■林邊

果實

香茶菜

葉子呈菱形。雖然日文名稱中有「ハッカ」，但是沒有薄荷（→ P.115）味。◙唇形科 ■多年生草本植物 ■40～100cm ✿9～11月 ■北海道～九州 ■林邊

▲莖部大多傾斜生長。

整株皆有毒。

果實

◀看起來好像很美味，但是果實特別毒。

整株皆有毒。

會用葉柄（連接葉與莖部的柄）纏繞。

花

白英 毒

日文名稱為「ヒヨドリジョウゴ」，意思是這種植物的果實是鵯這種鳥類喜愛吃的食物。◙茄科 ■多年生蔓性草本植物 ✿8～10月 ■日本全國 ■林邊、欄杆

茜草

到了秋季會長出直徑約 4mm 的黑紫色圓形果實。🟦茜草科 🟦多年生蔓性草本植物 ✿ 8〜10 月 🟦本州〜九州 🟦林邊、草地

▲ 花會在分歧的枝部前端綻放。

果實

可用於植物染的茜草

茜草根部乾燥後會呈現紅色，可以使用該根部把布匹染成紅色。這種利用自然花草樹木染布的方式，稱作「植物染」。除了茜草，以往也會使用紅花等各式各樣的植物進行植物染。

利用茜草根部染色的圍巾。

種子

小山螞蝗

會長出很像太陽眼鏡形狀的果實，可以附著在衣服上。🟦豆科 🟦多年生草本植物 🟦60〜120cm ✿ 7〜9 月 🟦日本全國 🟦林邊、路邊

果實

表面上有許多細小、勾爪狀的毛。

漸尖葉鹿藿

豆莢成熟、轉為紅色後就會裂開，並且生出 2 顆黑色種子。與鹿藿類似，但是頂生小葉的形狀不同。🟦豆科 🟦多年生蔓性草本植物 ✿ 8〜9 月 🟦本州〜九州 🟦林邊

分辨方法

實際尺寸

葉

上半部窄小

上半部開闊

頂生小葉

▲漸尖葉鹿藿　　▲鹿藿

🟦科名 🟦生長狀態 🟦尺寸 ✿開花期 🍓結果期 🟦分布地點或原產地 🟦可見地點 🟦食用方法 🟦外來物種 🟦可食植物 🟦有毒植物

野毛扁豆

與其他會在地面上開花結果的植物不同，也可以在地面下開花結果。◙豆科 ■一年生蔓性草本植物 ❀ 9～10 月 ■北海道～九州 ■林邊

花蓼

與睫穗蓼（→ P.57）類似，但是前端不會突然變得細窄，花朵的生長也稍微有些分散。◙蓼科 ■一年生草本植物 ■ 30～60cm ❀ 8～10 月 ■日本全國 ■樹林中、林邊

果實

山黑豆

果實成熟後會裂開，種子會附著在豆莢邊緣。◙豆科 ■多年生蔓性草本植物 ❀ 8～9 月 ■本州～九州 ■林邊

到了夏季，葉面上會出現一個像「八」的字。

果實

▲ 雌蕊前端彎曲如勾。

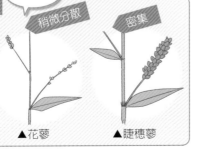

分辨方法

稍微分散 　　密集

▲ 花蓼　　　　▲ 睫穗蓼

花

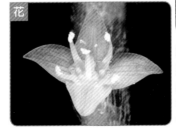
花

金線草

果實上有 2 根刺（雌蕊），可以變身成為魔鬼氈（→ P.74）。◙蓼科 ■多年生草本植物 ■ 40～80cm ❀ 8～10 月 ■日本全國 ■樹林中、林邊

葉子會在開花期
的夏季枯萎。

花莖

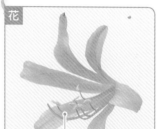

花

雄蕊

▲ 石蒜的雄蕊長度與花瓣一
樣。

▲ 近似物種的血紅石蒜，雄蕊
長得比花瓣長。

整株，特別是鱗
莖部位有毒。

鱗莖

石蒜 毒
初春時會長出葉子，到了夏季枯萎。盂蘭
盆節期間，會長出花莖、開花。■石蒜科
■多年生草本植物 ■30～40cm ✿8～9
月 ■本州～九州 ■林邊

日本烏頭 毒
烏頭屬植物約有70
種，各地分布的物種各
異。整株皆有毒。■毛
莨科 ■多年生草本植物
■60～200cm ✿9～
11月 ■本州 ■山地

🌿 日本烏頭與熊蜂

日本烏頭看起來像是花瓣
的部位，其實全都是「花萼」。
5片花萼重疊在一起，像一件盔
甲。真正的花瓣其實藏在盔甲
內，由內部的蜜腺分泌花蜜。

熊蜂可以鑽入盔甲內，把
嘴巴深入蜜腺當中。能夠把嘴
巴深入蜜腺細管內的也只有熊
蜂相關物種，其他昆蟲根本無
法吸取到內部的花蜜。

▶ 飛到日本烏
頭上的熊蜂。

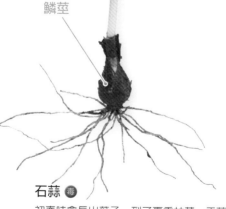

種子會在冬季時掉
落的油點草果實。

油點草 食
若生長在懸崖邊，莖部會下垂。會在各葉緣開出一朵花。
■百合科 ■多年生草本植物 ■40～80cm ✿9～10月 ■北海
道～九州 ■山地 ■新芽（醬拌菜、涼拌菜）

■科名 ■生長狀態 ■尺寸 ✿開花期 ●結果期 ■分布地點或原產地 ■可見地點 ■食用方法 ❤外來物種 食可食植物 毒有毒植物

闊葉山麥冬
會長出穗狀、約 5mm 的球形種子，非常醒目。
◨天門冬科 ◨多年生草本植物 ◨30～60cm ✽8～10 月 🍎10～12 月 ◨本州～琉球群島 ◨樹林中、林邊、庭

種子

細辛（杜衡）毒
植物體根部會開出不起眼的花朵。由黑翅蕈蚋搬運花粉。整株皆有毒。
◨馬兜鈴科 ◨多年生草本植物 ◨10～15cm ✽10～2 月 ◨本州 ◨樹林中、山地

🍃 藉由螞蟻擴大生長範圍的細辛

　　細辛的種子包裹著一層螞蟻喜好食用的物質（→ P.130），雖然螞蟻會把種子搬運至巢穴，但是它們只會把外圍的物質吃光後，丟棄種子。這樣一來即可藉由螞蟻的力量，擴大細辛的生長分布範圍。然而，螞蟻所能搬運的範圍還是非常有限，從發芽到種子生成約需 10 年之久，所以細辛分布的速度和其他眾多植物比較起來十分緩慢。甚至尚未分布至日本關東平原中央。

雜木林間的樹木　秋・冬

尺寸 Check

花

紅子莢蒾食
紅色果實帶有強烈的酸味，野鳥仍會前來啄食。◨五福花科 ◨落葉灌木 ◨1～5m ✽5～6 月 🍎9～11 月 ◨北海道～九州 ◨樹林中、林邊 ◨果實（生吃、水果酒）

果實

▲果實成熟後會變紅。

花

菱葉常春藤（冬蔦）
會蔓延伸出大量的附著根，可以支撐住植物體，使其攀爬在牆壁或是樹幹上。◨五加科 ◨常綠蔓性木本植物 ✽10～12 月 🍎5～6 月 ◨本州～琉球群島 ◨樹林中、林邊

果實會在春季成熟。

會著生大量雄
花（雄株）。

雌花分散生長
（雌株）。

冬青
雌雄異株。樹皮可以製作成黏鳥膠。■
冬青科　■常綠小喬木　■ 6 ～ 10m　✿ 4 月
🍎 11 ～ 12 月　■本州～琉球群島　■樹林中

果實

尺寸
Check

花

紫珠
葉子側邊會長出許多紫色的小巧果
實。葉子掉落、留下果實，相當醒
目。■唇形科　■落葉灌木　■ 1 ～ 3m
✿ 6 ～ 8 月　🍎 10 ～ 11 月　■日本全
國　■樹林中、林邊

尺寸
Check

雄株的花朵
數量比雌株
來得多。

雄花

果實

花

葉子有
光澤。

紫金牛
生長在樹林中，非常小型的樹種。
亦有栽培園藝品種。■報春花科　■
常綠小灌木　■ 10 ～ 20cm　✿ 7 ～ 8 月
🍎 10 ～ 11 月　■北海道～九州　■樹林
中、庭園

尺寸
Check

尺寸
Check

桃葉珊瑚
雌雄異株。從冬季到春季可長時
間看到果實，偶爾會有蟲癭。■
絲纓花科　■常綠灌木　■ 1 ～ 3m
✿ 3 ～ 5 月　🍎 12 ～ 5 月　■日本全國
■樹林中

■科名　■生長狀態　■尺寸　✿開花期　🍎結果期　■分布地點或原產地　■可見地點　■食用方法　外外來物種　食可食植物　毒有毒植物

雞爪槭（日本槭樹）

秋季紅葉樹木的代表性物種。是常見的楓屬植物。◨無患子科 ◨落葉喬木 ◧ 3～15m ✿ 4～5月 🍎 7～9月 ◨本州～九州 ◨山地、山間溪谷邊

尺寸 Check

▲春季發出新芽時，花也會同時綻放。

花

果實上有翅膀，可以乘風飄散出去。

葉緣有鋸齒（細刺狀）。

葉子比日本千金榆更寬。

花

尺寸 Check

花苞

果實的穗

昌化千金榆

果實的穗稍微分散。果實會一一長在花苞（包裹住花朵的葉子）根部。◨樺木科 ◨落葉喬木 ◧ 5～15m ✿ 3～4月 🍎 10～12月 ◨本州～九州 ◨樹林中、山地

葉子比昌化千金榆更寬。

花苞

分辨方法

花苞

僅單側有刺狀

兩側都有刺狀

果實

▲昌化千金榆　　▲日本千金榆

▼新樹枝上會長出大量細毛。

尺寸 Check

日本橡樹

大多生長於西日本，一般來說葉緣滑順、沒有鋸齒。是樹芯堅固的木材。◨殼斗科 ◨常綠喬木 ◧ 5～20m ✿ 5～6月 🍎 10～12月 ◨本州～九州 ◨山地

果實

栓皮櫟

與麻櫟（→ P.162）類似，葉子背面長有很多毛。◨殼斗科 ◨落葉喬木 ◧ 3～15m ✿ 4～5月 🍎 10～12月 ◨本州～九州 ◨樹林中、林邊

尺寸 Check

花苞

尺寸 Check

日本千金榆

果實一一附著在苞的根部，被風一吹就會旋轉、掉落。◨樺木科 ◨落葉喬木 ◧ 5～15m ✿ 4月 🍎 10～11月 ◨本州～九州 ◨山地

果實的穗

果實

鋸齒

◀葉緣的鋸齒像針一樣延伸出去。

槲樹

在殼斗科中，葉子算是最大的，經常用於包裹柏餅。■殼斗科 ■落葉喬木 ■3〜15m ✿5〜6月 🍎10〜12月 ■北海道〜九州 ■樹林中

尺寸 Check

▲葉緣呈大波浪狀。

鋸齒 葉緣不 平滑。

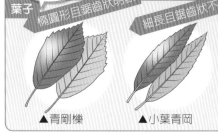

尺寸 Check

青剛櫟

與小葉青岡相似，但是葉子呈橢圓形，葉子背面有毛。■殼斗科 ■常綠喬木 ■5〜20m ✿4〜5月 🍎10〜12月 ■本州〜琉球群島 ■樹林中

分辨方法

葉子

橢圓形且鋸齒狀明顯

細長且鋸齒狀不明顯

▲青剛櫟 　　▲小葉青岡

🌿 什麼是橡實？

橡實指的是殼斗科的青剛櫟、橡樹等物種的果實。

秋季掉落至地面的橡實是森林棲息動物們珍貴的糧食。比方說，松鼠會將撿拾而來的橡實埋在地下，作為儲備糧食。萬一松鼠沒有吃完，這些儲備橡實也可以直接在地下發芽。

雄花

雌花

尺寸 Check

果實會在隔年秋天成熟。

正在享用橡實的日本松鼠。

麻櫟

雜木林的代表物種，從樹幹流出的樹液會吸引獨角仙前來。■殼斗科 ■落葉喬木 ■5〜15m ✿4〜5月 🍎10〜12月 ■本州〜琉球群島 ■樹林中、林邊

鋸齒前端會延伸出很像刺的東西。

小葉青岡

橡實的殼斗有條紋狀，葉子比青剛櫟來得細長。■殼斗科 ■常綠喬木 ■ 5 ～ 20m ✿ 5 月 🍎 10 ～ 12 月 ■本州～九州 ■山地

尺寸 Check

果實

雌花

雄花

殼斗

鋸齒較不明顯。

葉緣前端有較不明顯的鋸齒。

葉脈為白色，十分醒目。

葉子背面有長毛。

尺寸 Check

枹櫟

橡實的殼斗呈鱗片狀。雜木林的代表樹種之一，曾作為薪柴等用途。■殼斗科 ■落葉喬木 ■ 5 ～ 20m ✿ 4 ～ 5 月 🍎 10 ～ 12 月 ■北海道～九州 ■樹林中、林邊

雄花

尺寸 Check

朴樹 🍴

以往種植用來作為距離的標記（一里塚），現在各地都還留有巨大的樹木。■大麻科 ■落葉喬木 ■ 5 ～ 20m ✿ 4 ～ 5 月 🍎 9 月 ■本州～琉球群島 ■樹林中、路邊、山地 ■果實（生吃）

尺寸 Check

果實

糙葉樹（椋木）🍴

秋季成熟的藍黑色果實可食用，味道和柿乾很像。■大麻科 ■落葉喬木 ■ 5 ～ 20m ✿ 4 ～ 5 月 🍎 10 ～ 11 月 ■本州～琉球群島 ■路邊、山地 ■果實（生吃）

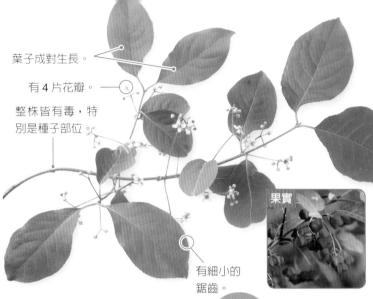

葉子成對生長。

有 4 片花瓣。

整株皆有毒，特別是種子部位。

有細小的鋸齒。

果實

尺寸
Check

西南衛矛 毒

一般來說，會分裂成 4 顆果實，並且生成 4 顆種子。■衛矛科 ■落葉小喬木 ■ 2 ～ 7m ❀ 5 ～ 6 月 🍎 10 ～ 11 月 ■北海道～九州 ■林邊

果實　　雄花

槲寄生

寄生在朴樹（P → .163）等植物上。會長出圓形的果實。■檀香科 ■常綠小灌木 ■ 50 ～ 80cm ❀ 2 ～ 3 月 🍎 10 ～ 12 月 ■北海道～九州 ■山地

尺寸
Check

垂絲衛矛 毒

花朵會綻放在從葉子根部長出的長柄前端。會分裂成 5 顆果實。整株皆有毒，特別是種子部分。■衛矛科 ■落葉灌木 ■ 1 ～ 4m ❀ 5 ～ 6 月 🍎 9 ～ 10 月 ■北海道～九州 ■山地

果實　　花

尺寸
Check

果實結成一塊（雌株）。

山桐子

雌雄異株。會長出許多紅色果實，很像是掛著的葡萄串。■楊柳科 ■落葉喬木 ■ 10 ～ 15m ❀ 4 ～ 5 月 🍎 10 ～ 11 月 ■本州～琉球群島 ■山地

尺寸
Check

🌿會利用鳥類寄生的槲寄生

槲寄生的種子與果實同時被鳥類吞食後，種子就會混在鳥糞中一起排出。種子為了黏在樹上，本身已被一種黏性物質所包覆，因此當種子與糞便一起掉至樹上，即會抽芽，並且生根、寄生在樹木內部，以便吸取其水分與養分，得以生長。

▲掉落在樹上的鳥糞中，有槲寄生的種子。

■科名 ■生長狀態 ■尺寸 ❀開花期 🍎結果期 ■分布地點或原產地 ■可見地點 ■食用方法 🌐外來物種 🍴可食植物 毒有毒植物

五葉木通 食

5 片小葉，都沒有鋸齒（葉緣不平滑）。藤蔓可作成手工藝品，果實可食用。■木通科■落葉蔓性木本植物✿4～5月🍎9～10月■本州～九州■樹林中、林邊、山地■新芽（涼拌菜）、果實（生吃、煎炒）

花

雄花

葉厚，有光澤。

三葉木通 食

與五葉木通類似，但是僅有 3 片小葉，葉緣有波浪狀的鋸齒。■木通科■落葉蔓性木本植物✿4～5月🍎9～10月■北海道～九州■樹林中、林邊、山地■新芽（涼拌菜）、果實（生吃、煎炒）

白新木薑子

雌雄異株。果實需要 1 年才能成熟，因此可以同時觀察到花與果實。■樟科■常綠喬木■3～15m✿10～11月🍎10～11月■本州～琉球群島■樹林中、海岸

棕櫚

因為有鳥類幫忙運送種子而野生化。葉鞘的纖維可以作為掃把材料。■棕櫚科■常綠喬木■5～10m✿5～6月🍎10～11月■九州■樹林中、林邊

花

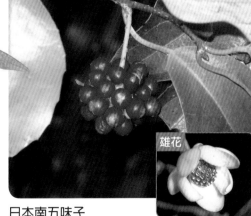
雄花

尺寸
Check

日本南五味子

雌雄異株。過去曾將從藤蔓取得的樹液作為髮膠使用。■五味子科■常綠蔓性木本植物✿8～9月🍎9～12月■本州～琉球群島■林邊

植物的過冬準備

到了冬季，植物為了能夠順利度過，也必須做一些過冬準備。比方說，冬季時讓葉子掉落並且停止光合作用，或是先長出冬芽且讓葉子掉落等各種準備。

紅葉的植物體結構

有些植物的葉子在秋季落葉前會轉為紅色或是黃色。為什麼葉子會變色呢？

進行光合作用時，葉子葉綠體中「葉綠素」的綠色色素與「胡蘿蔔素」的黃色色素會增加。到了秋季，日照時間縮短，葉綠素分解後所呈現的綠色會變淺。因此相對來說，銀杏（→ P.83）等植物的「胡蘿蔔素」就會變得比較明顯，看起來顏色就轉黃（黃葉）了。另一方面，到了秋季，楓屬植物的葉子根部會產生「離層」這種細胞層，並且在葉子當中囤積光合作用所製造出的糖分。再以該糖分作為材料，製造出「花青素」這種色素，會使得葉子轉變成紅色（紅葉）。

以上雖然解釋了黃葉、紅葉的植物體結構，但是其實我們無從了解植物體這樣變化的意義何在。

黃葉・紅葉的變化方式

銀杏不會合成花青素，所以葉子看起來是黃色的，楓屬植物等因為同時進行胡蘿蔔素分解與葉綠素合成，所以葉子看起來是紅色的。

●黃葉（銀杏等）

胡蘿蔔素

葉綠素
因為葉綠素的作用，所以葉子呈現綠色。

葉綠素被分解，所以胡蘿蔔素的黃色變得醒目。

幾乎只能看到胡蘿蔔素，所以葉子呈現黃色。

●紅葉（楓屬植物等）

因為葉綠素的作用，所以葉子呈現綠色。

花青素

花青素增加，與葉綠素的顏色混合，所以葉子呈現紅黑色。

葉綠素被分解，所以葉子呈現紅色。

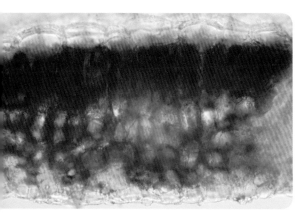

▲楓屬植物葉子的剖面。葉子細胞中充滿花青素，看起來像是變成了紅色。

樹木過冬的準備

　　樹木會在冬季來臨之前，預先在葉子根部長出隔年要生長的芽，稱作「冬芽」。由於冬季寒冷，無法旺盛地進行光合作用，植物就會先在夏季到秋季時期，準備好隔年春季要生長的葉子或是花苞。等到了春季，天氣變暖和時，再開始生長。冬芽的特徵會因為植物物種而有不同的尺寸與顏色、形狀，也可以當作分辨植物物種的線索。

　　此外，植物當中，有些是到了秋季葉子就會掉落的落葉樹。在寒冷的冬季，落葉樹會開始落葉、暫停光合作用、進入冬眠。葉子掉落後，就會出現所謂的「葉痕」。

從葉痕看到的面貌

　　我們可以從葉痕觀察用來匯集水分、作為養分通道的維管束。並且藉由葉痕的輪廓以及維管束的排列方法，作為分辨樹木的線索。

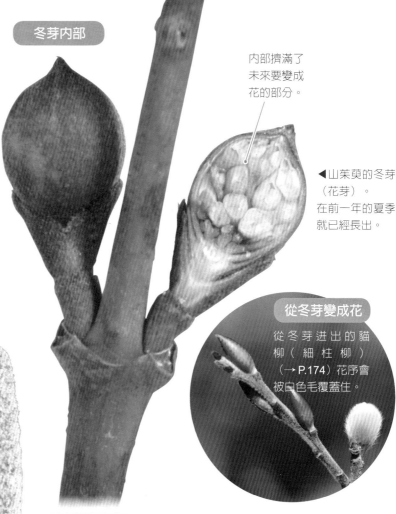

冬芽內部

內部擠滿了未來要變成花的部分。

◀山茱萸的冬芽（花芽）。
在前一年的夏季就已經長出。

從冬芽變成花

從冬芽迸出的貓柳（細柱柳）（→P.174）花序會被白色毛覆蓋住。

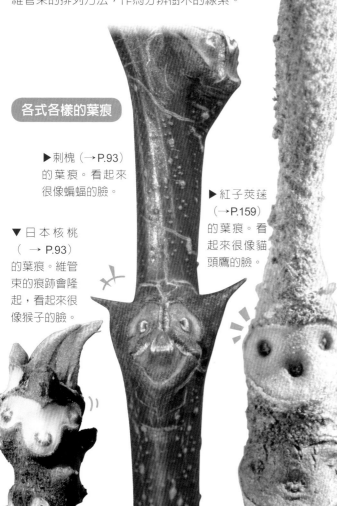

各式各樣的葉痕

▶刺槐（→P.93）的葉痕。看起來很像蝙蝠的臉。

▼日本核桃（→P.93）的葉痕。維管束的痕跡會隆起，看起來很像猴子的臉。

▶紅子莢蒾（→P.159）的葉痕。看起來很像貓頭鷹的臉。

草也要過冬

　　植物體的葉子於地面呈現放射狀，稱作「簇生化」。蒲公英是一整年都處於簇生化狀態的草本植物。另一方面，有些像是蘇門白酒草等只有在冬季才會出現簇生化現象，春季到秋季時則會延伸植物體的高度、開出花朵。簇生化是植物為了避風、防止水分過度流失，並且善用貼近地面的暖空氣。

各種不同的簇生化樣貌

蘇門白酒草（→P.50）的簇生化狀態。

黃花月見草（→P.55）的簇生化狀態。

水果～對人們有益的植物③

栽培種的代表性品種—「富士蘋果」。與野生種比較起來，果實的尺寸一致，甜度也較高。

有些樹木為了讓動物幫忙傳送種子，會大量長出對動物而言覺得美味且營養豐富的果實。這些果實與種子經過進一步的品種改良，就出現了所謂的水果。

不斷進行品種改良

　　從樹木長出、能夠食用的果實，統稱「水果」。

　　日本人最熟悉的水果之一「蘋果」，可以說是最早進入人類口中、最古老的水果。明治時期過後，日本才開始大力栽種蘋果，但是起源約可追溯到 8000 年前。

　　水果和蔬菜、穀物一樣，人們一直不斷地將野生種進行品種改良（→ P.122），想要製造出更大顆、更美味的果實。此外，也會改良使得產量穩定、解決病蟲害與氣候問題，甚至更進一步改良出更容易結果的品種。

$|$10mm

▲蘋果（進口蘋果）的原始物種。左邊是尚未成熟的果實，右邊是已成熟的果實。一般來說原始物種的果實較小，甜度較低、酸度較高。

　　通常我們會選擇食用「子房」等部位發育較好的水果果實，子房會將成為種子的「胚珠」包裹在內。然而，蘋果、梨方面，則會選擇子房根部、花托筒（花托）發育較好的果實食用。

可以食用的果實

蘋果　蘋果可食用的部位是變大的花托筒。因為耐寒，所以會在日本長野縣、青森縣等冬季較寒冷的地方栽種。

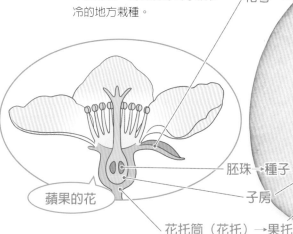

花萼

蘋果的花

胚珠→種子

子房

花托筒（花托）→果托

剖面

▲青蘋果是在成熟前採收的蘋果，酸度較高。

蜜柑

可食用已成熟、用來儲蓄水分及養分的子房部位。夏蜜柑及葡萄柚等芸香科物種，合稱「柑橘類」。不耐寒，會生長在不太降雪的地方。

胚珠

授粉後，長出種子。日本代表性物種——溫州蜜柑不需要經過授粉也會長出果實，所以果實內並沒有種子。

蜜柑的花

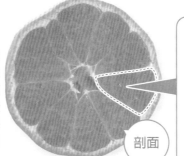

剖面

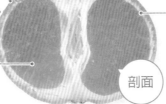

外果皮
外側果皮。

剖面

子房→果實

● 果實的房間（瓤囊）

許多汁胞（汁囊）聚生在一起的袋狀物稱作「瓤囊」，可以儲存水分與營養。瓤囊表面的白筋是維管束（→ P.13）的痕跡。經由光合作用製造出的糖分，可以透過這些維管束，運送至瓤囊中的汁胞。

內果皮
內側的白色果皮。

白筋（維管束的痕跡）。

香蕉

香蕉子房壁（果皮）組織分化發育的部位可以供作食用。一般食用的香蕉並沒有種子，但是中間可以看到種子的痕跡。

雌花（果實）

雄花

剖面

種子痕跡

鳳梨

鳳梨是由複數果實聚生而成的複合果。

一顆果實。

可食用果實部位的其他水果

桃

葡萄

筆柿

梨

可以食用的種子

栗子以及胡桃等可食用種子，也被歸類在水果之列。剝除這些乾燥後變硬的果皮，即可食用內部的種子。

栗子

可以食用被毬果包裹住、果實中的栗子種子。毬果中會產生 1 ～ 3 顆果實。

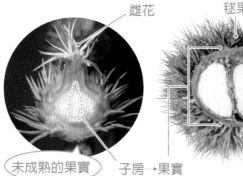

雌花

毬果　種子

未成熟的果實　子房→果實

剖面

可食用種子部位的其他水果

杏仁

胡桃

腰果

開心果

山間草花植物　春

日本有一半以上的國土面積都是山地。
山中生長著各種草花植物以及樹木。
花草植物，可見於草原以及山間溪谷
邊、濕原等處。

山酢漿草
葉子與酢漿草（→ P.55）
長得很像，但是會開出
白色的花。■酢漿草科 ■
多年生草本植物 ■ 5 ～
15cm ❀ 3 ～ 4 月 ■本州、
四國 ■山地

花瓣分裂得
相當細小。

花

整株皆有毒。

葉子柔軟。

葉子有光澤，看起
來像一面鏡子。

日本莨菪 毒
劇毒植物。春季，葉緣會有
褐色、吊鐘狀的花向下綻
放。■茄科 ■多年生草本植物
■ 30 ～ 60cm ❀ 4 ～ 5 月 ■
本州～九州 ■山間溪谷邊

芽

分辨方法

幾乎沒有毛

會長出白毛

▲日本莨菪　　　▲蕗薹

巖鏡
生長在潮濕的岩場，葉子整年都是綠色，
並且帶有光澤。■岩梅科 ■多年生草本植
物 ■ 10 ～ 20cm ❀ 4 ～ 7 月 ■北海道～九
州 ■高山、岩場

可作為辛香料的植物

　　山葵等植物具有可使用作為添加食物風味與辛辣度的部位，稱之為「辛香料」。代表性的辛香料有胡椒（胡椒的果實）、芥子（芥菜的種子）、山椒粉（鰭山椒的果實外皮）等。

　　辛香料不僅可以提升食物的風味，也具有消除身體疲勞、促進食慾等效果。此外，亦可抑制食物內不好的細菌增長。

▶胡椒的果實。果實成熟後，顏色會轉紅。

花　　根莖

山葵 食

生長在清澈的溪流裡，根莖（→ P.8）可以製作成辛香料。◪ 十字花科 ■多年生草本植物 ■ 20 ～ 40cm ✿ 3 ～ 5 月 ■北海道～九州 ■山間溪谷邊 ■葉・花（醬拌菜、沙拉）、根莖（辛香料）

紫草

可以從根部萃取到紫色色素。野生的植物體急遽減少中。◪紫草科 ■多年生草本植物 ■ 30 ～ 60cm ✿ 6 ～ 7 月 ■北海道～九州 ■草原

樓梯草日文名稱中的「ウワバミ」是巨蟒的意思，由於經常生長在蛇出沒的地點，故日文方面命名為「ウワバミソウ（大蛇草）」。

鉤腺大戟 毒

日文名稱（ナツトウダイ）中有「夏（ナツ）」，但卻是在春季綻放花朵。整株皆有毒。■大戟科 ■多年生草本植物 ■ 20 ～ 40cm ✿ 4 ～ 5 月 ■北海道～九州 ■山地

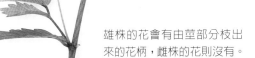

莖部鮮嫩多汁，可以醬拌或是煎炒食用。

雄株的花會有由莖部分枝出來的花柄，雌株的花則沒有。

東北堇菜的近似物種，花朵較大。

胡堇草（叡山堇）

東北堇菜（→ P.91）的近似物種，但是葉子分裂得較細。■堇菜科 ■多年生草本植物 ■ 5 ～ 15cm ✿ 3 ～ 5 月 ■本州～九州 ■山地

樓梯草 食

雌雄異株。經常生長於潮濕、微暗的地點。以ミズナ（水菜）之名，作為供人食用的山菜。■蕁麻科 ■多年生草本植物 ■ 20 ～ 50cm ✿ 4 ～ 8 月 ■北海道～九州 ■山間溪谷邊 ■莖（醬拌菜、涼拌菜）、根（碎切）

側金蓮花 (毒)

以盆栽種植作為新年之花，但是野外物種的開花期約在3～4月左右。■毛茛科 ■多年生草本植物 ■10～20cm ✿3～4月 ■北海道～九州 ■山地

花朵像碗一樣呈圓弧形。

整株皆有毒。

有很多分裂。

心形的大片葉子。

看起來像花瓣，但其實是花萼。

驢蹄草 (毒)

如其日文名稱「立金花」，會在筆直的莖部上開出金色的花。■毛茛科 ■多年生草本植物 ■30～50cm ✿4～7月 ■本州、九州 ■水邊、濕原

整株皆有毒。

向上挺起。

實際尺寸

有6根雄蕊。

花萼

延齡草 (毒)

莖部前端會長出3片葉子，初春時會開出一朵褐色的花。■黑藥花科 ■多年生草本植物 ■20～40cm ✿4～5月 ■北海道～九州 ■山地

胡麻花

葉子前端會增長出芽。秋季葉子轉紅。■黑藥花科 ■多年生草本植物 ■10～30cm ✿4～5月 ■北海道～九州 ■山地、山間溪谷邊

臭菘 (毒)

生長在融雪前後的濕原，褐色的佛焰苞非常醒目，花朵有臭味。整株皆有毒。■天南星科 ■多年生草本植物 ■10～40cm ✿3～5月 ■北海道、本州 ■濕原

肉穗花序

佛焰苞
由葉子變化而來。包裹著肉穗花序。

整株皆有毒。

水芭蕉 (毒)

白色部分為佛焰苞，黃色棒狀部分才是真正的小花聚生處（肉穗花序）。■天南星科 ■多年生草本植物 ■20～80cm ✿3～6月 ■北海道、本州 ■山間溪谷邊、濕原

群生在水邊的水芭蕉。

樹枝前端會著生許多朵花。

開花後,會長出葉子。

整株皆有毒。

尺寸 Check

三葉杜鵑

ミツバツツジ 的近似物種,但是僅有三葉杜鵑會有 5 根雄蕊,且樹枝前端會長出 3 片葉子。☑杜鵑花科 ■落葉灌木 ■ 1～3m ✿ 4～5 月 ■本州 ■山地、岩場

▲ 每朵花各有 5 根雄蕊。

尺寸 Check

蓮華杜鵑 毒

初夏,隨著新葉生長,會開出朱紅色的大花。
☑杜鵑花科 ■落葉灌木 ■ 1～3m ✿ 5～7 月 ● 10～11 月 ■本州～九州 ■草原、林邊

水胡桃

沿著溪流生長的山林代表喬木。果實上有翅(板狀突起)。☑胡桃科 ■落葉喬木 ■ 10～20m ✿ 4～6 月 ● 7～8 月 ■本州～九州 ■山間溪谷邊

尺寸 Check

白樺樹 食

生長於日本本州高原地帶以及北海道,白色的樹皮相當醒目。☑樺木科 ■落葉喬木 ■ 10～25m ✿ 4 月 ● 8～10 月 ■北海道、本州 ■山地 ■樹液(飲料)

雌花的穗。向上生長。

雄花的穗。向下生長。

尺寸 Check

馬醉木 毒

整株皆有劇毒,動物不得食用。☑杜鵑花科 ■常綠灌木 ■ 1～5m ✿ 2～5 月 ● 9～10 月 ■本州～九州 ■山地

尺寸 Check

樹幹

岳樺

生長於日本本州的高原、高山，以及北海道地區，樹皮為灰色接近褐色。■樺木科　■落葉喬木　■3～20m　✿5～6月　🍎9～10月　■北海道、本州、四國　■亞高山帶

尺寸Check

尺寸為 1～2cm。布滿著細小的顆粒。

楊梅 🍎

雌雄異株。紅色的果實酸甜可食用。果實內有很大的種子。■楊梅科　■常綠喬木　■5～10m　✿3～4月　🍎6～7月　■本州～琉球群島　■山地　■果實（生吃、果醬）

有光澤。

尺寸Check

果實

有厚度，背面有光澤。

尺寸Check

葉子呈現像鋸子的刺狀。

尺寸Check

山毛櫸 🍎

山地的代表喬木，果實是野生動物的重要食物。■殼斗科　■落葉喬木　■10～30m　✿5月　🍎10月　■北海道～九州　■山地　■果實（生吃、煎炒）

殼斗

▲殼斗有顆粒狀突起。

蒙古櫟

常見於山地，經常與山毛櫸生長在一起。■殼斗科　■落葉喬木　■5～30m　✿5～6月　🍎10～11月　■北海道～九州　■山地、亞高山帶

雄花

花序（小花聚生）蓬鬆柔軟，很像貓尾巴。

🌿世界遺產 白神山地

　　白神山地，是橫跨日本青森縣西南部與秋田縣西北部的山地。在這個幾乎不受人類打擾的世界，擁有世界最大的山毛櫸原生林，內有被指定為國家自然記念物的黑啄木鳥以及金鵰等各式各樣的動植物棲息。1993 年，該價值受到認可，被登錄為世界自然遺產。

▲白神山地的山毛櫸原生林。

尺寸Check

金縷梅

初春，長出葉子前會先綻放 4 片花瓣的黃色花朵。■金縷梅科　■落葉灌木　■2～5m　✿3～4月　🍎9～10月　■本州～九州　■山地

貓柳（細柱柳）

雌雄異株。花朵凋謝後，會長出橢圓形的葉子。■楊柳科　■落葉灌木　■1～5m　✿3月　🍎5月　■北海道～九州　■水邊

■科名　■生長狀態　■尺寸　✿開花期　🍎結果期　■分布地點或原產地　■可見地點　■食用方法　🌐外來物種　🍎可食植物　☠有毒植物

領春木

雌雄異株。在長出葉子之前，會先開花。沒有花瓣也沒有花萼。■領春木科 ■落葉喬木 ■7～15m ✿3～4月 🍎10月 ■本州～九州 ■山谷地帶、崩壞地形

葉柄捲曲。

鐵線蓮

會開出半鐘（小型吊鐘）狀的花。■毛茛科 ■落葉蔓性木本植物 ✿5～6月 ■本州～九州 ■山地

大白時冷杉

生長在多雪的高山地帶。會長出藍紫色的毬果（松毬）。■松科 ■常綠喬木 ■10～20m ✿6月 🍎9～10月 ■本州 ■亞高山帶

冷杉

與大白時冷杉相似，但是分布地區更往南，毬果較小。■松科 ■常綠喬木 ■10～20m ✿5～6月 🍎9～10月 ■本州 ■亞高山帶

毬果

魚鱗雲杉

與冷杉一起生長在高山上。會向下長出小型圓柱狀的毬果。■松科 ■常綠喬木 ■10～25m ✿5～6月 🍎9～10月 ■本州 ■亞高山帶

毬果

日本冷杉

日本經常採用「德國雲杉」作為耶誕樹，但是西方則會使用日本冷杉。■松科 ■常綠喬木 ■10～30m ✿5月 🍎10月 ■本州～九州 ■山地

毬果

赤松

樹皮為紅褐色。與黑松不同（→P.203）不同，觸碰葉子前端不會感到疼痛。■松科 ■常綠喬木 ■5～25m ✿4～5月 🍎9～11月 ■北海道～九州 ■山地

山間草花植物 夏

山間植物　夏

高山蓍

葉子分裂得很細小，像鋸齒一樣不平滑。🌼菊科■多年生草本植物 ■ 30～100cm ✤ 7～9月
■北海道、本州 ■草原

細長且不平滑的葉。

地下莖（地面下的莖）橫向延伸、擴大生長範圍。

高山破傘菊 食

春季冒芽時，看起來像是一把破傘。■菊科■多年生草本植物 ■ 50～100cm ✤ 7～10月 ■本州～九州 ■山地 ■新芽（天婦羅、煎炒、涼拌菜）

新芽

高山火絨草

包裹住頭狀花序的總苞上，長有密集的毛，使得總苞看起來白白的。■菊科■多年生草本植物 ■ 25～50cm ✤ 7～8月 ■本州～九州 ■岩場

頭狀花序
小花聚生。

總苞
包裹住花的葉子。

睡菜

花瓣內側長有白毛。

3片小葉。

有3片小葉，分別長得很像欒樹（→ P.162）的葉子，所以日本方面將其命名為「ミツガシワ（三葉欒樹）」。
■睡菜科■多年生草本植物 ■ 30～50cm ✤ 5～8月 ■北海道、本州、九州 ■濕地、水邊

整株皆有劇毒。

▲根莖部位有長得很像竹筍的節。

毒芹 毒

根莖（→ P.8）粗大，長得很像山葵（→ P.171）。■繖形科■多年生草本植物 ■ 60～100cm ✤ 6～8月 ■北海道～九州 ■濕地、水邊

176　■科名 ■生長狀態 ■尺寸 ✤開花期 ●結果期 ■分布地點或原產地 ■可見地點 ■食用方法 外外來物種 食可食植物 毒有毒植物

紅葉笠

Parasenecio delphiniifolius

春季新芽是命名為「雫（シドケ）」的可食用山菜。◾菊科 ◾多年生草本植物 ◾50～100cm ❀8～9月 ◾本州、四國 ◾山地、樹林中 ◾新芽（天婦羅、煎炒、涼拌菜）

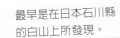
新芽

最早是在日本石川縣的白山上所發現。

白山報春花

生長於日本海那一側的高山地帶，會在大雪處長出一整片花田。◾報春花科 ◾多年生草本植物 ◾5～15cm ❀8月 ◾本州 ◾高山、亞高山帶

拐芹

花上有5根雄蕊，以及2根有柱頭（→P.11）的雌蕊。會發出類似芹菜的氣味。◾繖形科 ◾多年生草本植物 ◾50～150cm ❀9～11月 ◾本州～九州 ◾山地

白山老鸛草

葉子分裂得很細，很像一個手掌，彼此相對生長。花色為粉紅色。◾牻牛兒苗科 ◾多年生草本植物 ◾30～60cm ❀7～8月 ◾本州 ◾高山、亞高山帶

花朵由下而上依序綻放。

聚生於莖部的葉子，大約有9階。

九蓋草

莖部前端會著生長長的花穗。有4片筒狀的花瓣。◾車前草科 ◾多年生草本植物 ◾80～130cm ❀7～8月 ◾本州 ◾草原

3片以上的葉子著生在同一處（輪生）。

高山翻白草

群生於高山地帶。是莓葉委陵菜（→P.89）的近似物種。◾薔薇科 ◾多年生草本植物 ◾7～20cm ❀7～8月 ◾北海道、本州 ◾高山

毒芹與山菜─芹菜的分辨方法

　　毒芹與芹菜（→P.96）的嫩葉與花非常相似，甚至還會生長在同一個地方。但是，萬一搞錯吃下毒芹，可能會因為毒性而導致死亡，相當危險。區分毒芹與芹菜時，可以先聞一下葉子的氣味。芹菜帶有獨特的香氣。且芹菜的根是鬚根，毒芹的根莖較粗且內部有長得很像竹筒的節，所以我們可以從生長在地面下的部位來判斷。

◀小葉呈卵形，前端尖長。

落新婦

夏季會開出細小分枝的白色花穗。莖的根部會變紅。◾虎耳草科 ◾多年生草本植物 ◾40～80cm ❀6～7月 ◾本州～九州 ◾山地

有 2～7 朵花向
下垂吊、綻放。

整株皆
有毒。

荷包牡丹 毒
生長在高山砂地或碎石地面，根部可以深入
地面，耐嚴峻環境。■罌粟科 ■多年生草本
植物 ■ 5～15cm ✿ 7～8 月 ■北海道、本州
■高山

每片葉子都分裂
得非常細小

白根葵
生長在經常下雪的落葉樹林
山地地面，會綻放出由 4 片
花萼組成的花朵。■毛茛科
■多年生草本植物 ■ 20～
60cm ✿ 5～7 月 ■北海道、
本州 ■山地

🍃日本限定的植物
　　白根葵是僅在日本生長的特
有植物。日本目前約有 7000 種
種子植物與蕨類植物，其中約有
2500 種是只在日本生長的特有植
物。這些植物當中，像是山毛櫸
（→ P.174）、日本扁柏（→ P.183）
等都是日本人身邊常見的植物。但
是，也有像是八重山椰子這種只生
長在石垣島或是西表島等生長範圍
非常狹隘的植物。

▲ 經指定為國家自然紀
念物的八重山椰子。

分辨方法
葉子 中間葉脈隆起 中間葉脈沒有隆起
中間葉脈
▲野玉蟬花 ▲溪蓀

每一顆果實都被長
長的棉毛包裹住。

白毛羊鬍子草
會成為很大一株植物
體。葉子短小不明顯。
■莎草科 ■多年生草本
植物 ■ 20～50cm ✿
6～8 月 ■北海道、本
州 ■高層濕原

▲ 棉毛出現之前，
白毛羊鬍子草的花。

野玉蟬花（野花菖蒲）
花朵為紫色，花瓣上有一條黃色細線。玉
蟬花（→ P.65）為園藝品種。■鳶尾科 ■多
年生草本植物 ■ 40～100cm ✿ 6～7 月 ■
北海道～九州 ■濕地、水邊

長白金蓮花
群生在潮濕處。日文名
稱「シナノキンバイ」
中的「キンバイ」帶有
「金色酒杯」之意。■
毛茛科 ■多年生草本植物
■ 20～80cm ✿ 7～9 月
■北海道、本州 ■高山

■科名 ■生長狀態 ■尺寸 ✿開花期 🍂結果期 ■分布地點或原產地 ■可見地點 ■食用方法 ⌀外來物種 🍴可食植物 毒有毒植物

山間植物　夏

花朵向下綻放，
花瓣向上翻起。

浙江百合

葉子的著生方式像是畫
了一個圈（輪生），看
起來很像車輪。■百合
科 ■多年生草本植物 ■
30 ～ 100cm ✿ 7 ～ 8 月
■北海道、本州、四國 ■
高山、亞高山帶

紫斑掌裂蘭

花朵形狀被認為很像千鳥（辮鴴）這種鳥
類。■蘭科 ■多年生草本植物 ■ 10 ～
40cm ✿ 6 ～ 8 月 ■北海道、本州 ■高山、
亞高山帶

看起來像是花瓣，
但其實是花萼。

整株皆有毒。

僅有下側唇狀的花瓣
形狀不同，前端分裂
成 3 片花瓣。

重樓 毒

4 片葉子著生，像是畫了一個圈（輪
生）。莖部前端長有一朵沒有花瓣的
花。■黑藥花科 ■多年生草本植物 ■
15 ～ 40cm ✿ 5 ～ 8 月 ■北海道～九州
■山地

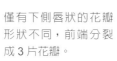

小梅蕙草 毒

莖部前端會著生白色小花的
花穗。整株皆有毒。■粟米
草科 ■多年生草本植物 ■
50 ～ 100cm ✿ 6 ～ 8 月 ■北
海道、本州 ■高層濕原

柳蘭

生長在日照良好的高原
上，夏季會陸續開出紅紫
色的花。■柳葉菜科 ■多
年生草本植物 ■ 1 ～ 1.5m
✿ 6 ～ 8 月 ■北海道、本州
■草原

花朵由下
而上依序
綻放。

輪狀生長。

日光黃萱
（北萱草）

花只綻放一天就凋
謝。■萱草科 ■多年
生草本植物 ■ 60 ～
70cm ✿ 7 ～ 8 月 ■
北海道、本州 ■亞高
山帶、草原、濕原

朱蘭

淺紅色的花，會讓人
聯想到「朱鷺（トキ）」這種鳥，所以
日本方面命名為「トキソウ（朱鷺草）」。
■蘭科 ■多年生草本
植物 ■ 15 ～ 30cm ✿
5 ～ 7 月 ■北海道～
九州 ■濕地

莖部直立，
沒有分枝。

尺寸
Check

尺寸
Check

東石楠花 毒

生長於東日本山地。前端會長出5朵、花瓣為粉紅色的花。葉子有毒。■杜鵑花科 ■常綠灌木 ■1～5m ✿5～6月 ●9～10月 ■本州 ■山地

毛漆樹 毒

會密集著生黃綠色的小花。樹液會讓人起斑疹。
■漆樹科 ■落葉小喬木 ■2～6m ✿5～6月 ●9～10月 ■北海道～九州 ■山地、林邊

牛皮杜鵑 毒

會綻放淺黃色的花。葉子有毒。
■杜鵑花科 ■落葉小灌木 ■10～100cm ✿6～7月 ●9～10月 ■北海道、本州 ■高山

尺寸
Check

🍃 漆樹接觸性皮膚炎

接觸到毛漆樹、漆樹等漆樹科植物所流出的樹液，皮膚可能會紅腫、搔癢。這是因為樹液中充滿著「漆酚（Urishiol）」這種毒素，而引發稱作「漆樹接觸性皮膚炎」的發炎症狀。症狀因人而異，也有完全沒碰到樹液，只是從旁經過就出現症狀的案例，必須特別注意。發生漆樹接觸性皮膚炎狀況時，請盡快前往皮膚科接受治療。

粉花繡線菊

一朵花由5片花瓣及花萼，很多根雄蕊以及5根雌蕊所組成。■薔薇科 ■落葉小灌木 ■0.5～1m ✿5～8月 ●9～10月 ■本州～九州 ■山地、岩場、公園、庭園

尺寸
Check

尺寸
Check

葉子摸起來不平滑。

花

▲雄蕊長度會超過花瓣。

樹皮剝落，樹幹變得斑駁。

髭脈樺葉樹 食

會著生很多白色花穗。花朵由5片花瓣、10根雄蕊以及前端分成3個的雌蕊所組成。■山柳科 ■落葉小喬木 ■5～10m ✿6～8月 ●9～11月 ■北海道～九州 ■山地 ■新芽（涼拌菜）

尺寸
Check

花序
小花聚生。會被白
色的總苞包裹住。

四照花 食

花小、不起眼，但是 4 片大
大的白色總苞片卻非常醒
目。■山茱萸科 ■落葉喬木
■ 5 ～ 15m ✿ 5 ～ 7 月 🍎 9 ～
10 月 ■本州～九州 ■山地 ■
果實（生吃、水果酒）

果實

▶味甜、易於
食用的果實。
向上生長。

日本七葉樹 食 毒

葉子長得很像手掌，初夏時
期會向上著生白色的花穗。
生的種子有毒。
■無患子科 ■落
葉喬木 ■ 20 ～ 30m
✿ 5 ～ 6 月 🍎 9 月
■北海道～九州
■山間溪谷邊
■種子（栃餅）

果實

中間的種子也
有堅硬的殼。

尺寸
Check

葉子背面長有
柔軟的毛。

▼利用種子製作
而成的栃餅。

尺寸
Check

華東椴樹

花朵向下垂掛，花柄上有 1 片總苞（由包裹住花的葉
子變化而來）。果實會與總苞一起掉落。 ■錦葵科 ■
落葉喬木 ■ 10 ～ 30m ✿ 6 ～ 7 月 🍎 10 月 ■北海道～九
州 ■山地、山間溪谷邊

果實

◀葉子掉落後，
會留下果實。

花楸 食

日文名稱「ナナカマド」的
意思是生的木頭放入爐灶 7
次，7 次都燒不起來。■薔薇
科 ■落葉小喬木 ■ 6 ～ 10m ✿
5 ～ 7 月 🍎 9 ～ 10 月 ■北海
道～九州 ■山地 ■果實（水果
酒、果醬）

葉緣不平滑。

稚兒車

樹枝會匍匐於地面，長成一整片。果實上有羽毛狀的花柱（→ P.11），可以乘風飛起。■薔薇科 ■落葉小灌木 ■ 10cm ✿ 7～8 月 🍎 8～9 月 ■北海道、本州 ■高山

◀花凋謝後的樣子。羽毛狀的花柱相當醒目。

圓錐繡球

將樹枝浸漬在水裡會產生糨糊，可用於製造和紙。■繡球花科 ■落葉灌木 ■ 2～5m ✿ 7～9 月 🍎 9～11 月 ■北海道～九州 ■山地

綻放中的總苞

裝飾花
如花瓣般發達的花萼。

兩性花
同時擁有雄蕊與雌蕊的花。

米麵蓊 🍎

會長出很像羽毛毽子的果實。■檀香科 ■落葉灌木 ■ 1～2m ✿ 5～6 月 🍎 10～12 月 ■本州～九州 ■山地 ■新鮮果實（鹽漬）

尺寸 Check

裝飾花

葉子大片、厚實。會長出短毛，摸起來不平滑。

剛長出的花序

▲剛長出的花序被總苞包裹住，像一個圓形的花苞。

🌿 半寄生植物

　米麵蓊會使用葉子的葉綠體進行光合作用、製造養分。但是，另一方面又會使用根部寄生、從其他的植物身上取得養分。這種植物，稱作「半寄生植物」。米麵蓊會寄生在柳杉或是南日本鐵杉等植物體上。

尺寸 Check

表面有光澤。

果實

▼花苞綻放的樣子。

尺寸 Check

大枝掛繡球

花苞綻放後，中間的花序（小花聚生）會冒出，成為旁邊的裝飾花。■繡球花科 ■落葉灌木 ■ 1～2m ✿ 7～9 月 🍎 10～12 月 ■本州 ■山間溪谷邊

天竺桂

樹皮與葉子帶有香味。■樟科 ■常綠喬木 ■ 5～20m ✿ 6 月 🍎 10～11 月 ■本州～琉球群島 ■山地

■科名 ■生長狀態 ■尺寸 ✿開花期 🍎結果期 ■分布地點或原產地 ■可見地點 ■食用方法 🌐外來物種 🍎可食植物 🌿有毒植物

果實

日本厚朴

日本原生的樹木當中，會綻放出最大朵花的植物體。■木蘭科 ■落葉喬木 ■10～30m ✿5～6月 🍎9～11月 ■北海道～九州 ■山地、木林

尺寸 Check

日本扁柏

葉子背面有個 Y 字形的白筋。是品質良好的木材。■柏科 ■常綠喬木 ■5～30m ✿4月 🍎10～11月 ■本州～九州 ■山地

尺寸 Check

毬果（松毬）

像鱗片一樣的葉子。

▶日本扁柏葉子背面有肉眼可見的氣孔帶。氣孔（→ P.12）會大量聚集成為筋。

尺寸 Check

▼綠色種子部位有毒，無法食用。

種子

果托

羅漢松 食 毒

雌雄異株。紅色果托（→ P.168）味甜，可食用。■松科 ■常綠喬木 ■3～20m ✿5～6月 🍎10～12月 ■本州～琉球群島 ■庭園、臨海山地 ■果托（生吃）

南日本鐵杉

葉子前端凹陷。葉子背面有2條氣孔帶。■松科 ■常綠喬木 ■10～30m ✿4～6月 🍎10～11月 ■本州～九州 ■山地

葉子背面

▲南日本鐵杉的葉子背面。

尺寸 Check

毬果向下著生。

1 2 3 4 5

◀日本五針松的葉子

日本落葉松

短短的樹枝前端會有一束 20～30 根的葉子。■松科 ■落葉喬木 ■1～20m ✿5月 🍎9～10月 ■本州 ■山地、崩壞地

尺寸 Check

日本五針松

生長於山脊。每一束有 5 根葉子。■松科 ■常綠喬木 ■5～20m ✿5～6月 🍎10月 ■北海道～九州 ■山地、庭園

雄花

尺寸 Check

山間植物 秋

蹄葉橐吾

葉子與蜂斗菜（→ P.87）相似。和外觀相似的窄頭橐吾比起來，舌狀花的數量不同。■菊科 ■多年生草本植物 ■ 0.7～1.5m ✿ 7～9月 ■本州～九州 ■山地、草原

山牛蒡 🍴

會向下開出類似薊屬植物（→ P.86）的黑紫色花朵。■菊科 ■多年生草本植物 ■ 0.8～1.5m ✿ 9～10月 ■北海道、本州、九州 ■山地 ■新芽（天婦羅、涼拌菜、蕎麥麵粉）

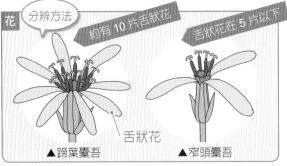

花　分辨方法

約有 10 片舌狀花　　舌狀花在 5 片以下

舌狀花

▲蹄葉橐吾　　▲窄頭橐吾

白色部分並非花瓣，而是總苞（包裹住聚生小花、類似葉子的東西）

頭狀花序 小花聚生。

背面布滿白毛。

珠光香青

總苞會沙沙作響，發出很像紙的聲音。■菊科 ■多年生草本植物 ■ 30～80cm ✿ 8～10月 ■北海道、本州 ■草原

愈上方的葉子愈小。

山梗菜 ☠

有很多小花開在莖的上半部。莖部沒有分枝。■桔梗科 ■多年生草本植物 ■ 50～100cm ✿ 8～9月 ■北海道～九州 ■濕地、水邊

整株皆有毒。

偽泥胡菜

雖然會開出類似薊屬植物（→ P.86）的花朵，但是葉子並不尖銳。■菊科 ■多年生草本植物 ■ 50～100cm ✿ 8～10月 ■本州～九州 ■草原

群生在水邊的山梗菜。

野鳳仙花 毒

花距內存有花蜜，會吸引蜜蜂聚集。■鳳仙花科 ■一年生草本植物 ■ 50～80cm ✽ 8～10月 ■北海道～九州 ■山間溪谷邊、濕地

距捲成一個圓。
葉子前端尖銳。
整株皆有毒。

日本雙蝴蝶

果實

會與周邊的草本植物纏在一起。與龍膽（→ P.117）不同，會長出水分多且柔軟的果實。■龍膽科 ■多年生蔓性草本植物 ✽ 8～10月 ■北海道～九州 ■山地

花朵向下垂吊。
整株皆有毒。
葉子前端圓滑。
實際尺寸

裝飾花
花萼相當發達，看起來像是花瓣。
實際尺寸

日本山蘿蔔

小花聚生成頭狀花序。周圍的是裝飾花。■忍冬科 ■二～多年生草本植物 ■ 30～90cm ✽ 8～10月 ■北海道～九州 ■草原

當歸

會以傘狀綻放出非常多的白色小花。葉子根部隆起。■繖形科 ■多年生草本植物 ■ 1～2m ✽ 8～11月 ■本州～九州 ■草原

水金鳳 毒

鳳仙花（→ P.63）的近似物種。成熟後，果實會裂開，讓種子飛出。■鳳仙花科 ■一年生草本植物 ■ 40～80cm ✽ 6～9月 ■北海道～九州 ■山地、山間溪谷邊

梅花草

花朵是白色、5片圓形的花瓣，容易讓人聯想到梅花。■衛矛科 ■多年生草本植物 ■ 10 ～ 40cm ❀ 8 ～ 10 月 ■北海道～九州 ■濕原

實際尺寸

加拿大草茱萸

雖然是生長於高山針葉林中的小草，但是紅色的果實相當醒目。■山茱萸科 ■多年生草本植物 ■ 5 ～ 15cm ● 6 ～ 8 月 ● 9 ～ 11 月 ■北海道、本州 ■亞高山帶

▲有花朵著生的莖部會長出 6 片葉子，沒有花朵著生的莖部則有 4 片葉子。

蚊子草

葉子有複雜的分裂。■薔薇科 ■多年生草本植物 ■ 30 ～ 100cm ❀ 7 ～ 9 月 ■本州～九州 ■山地

葉

▶蚊子草的葉子有多片小葉聚生。前端的小葉形狀很像手掌。

齒瓣虎耳草

生長於潮濕的岩場，會綻放出很像國字「大」的白色花朵。■虎耳草科 ■多年生草本植物 ■ 10 ～ 50cm ❀ 7 ～ 10 月 ■北海道～九州 ■岩場

莖部的節是黑色的。

實際尺寸

女婁菜剪秋羅

莖部的節會變黑。葉子兩兩相對生長。■石竹科 ■多年生草本植物 ■ 40 ～ 80cm ❀ 7 ～ 10 月 ■本州～九州 ■山地

擁有黑色的節，與剪秋羅這種植物長得非常相似，故以此命名。

■科名 ■生長狀態 ■尺寸 ❀開花期 ●結果期 ■分布地點或原產地 ■可見地點 ●食用方法 ●外來物種 ●可食植物 ●有毒植物

單穗升麻
成熟的果實會自然裂開，讓種子飛出。■毛莨科 ■多年生草本植物 ■60～120cm ❋8～10月 ■北海道～九州 ■山地

果實

舞鶴草
果實一開始帶有斑紋，過了一段時間，成熟後就會轉紅。■天門冬科 ■多年生草本植物 ■10～25cm ❋5～7月 ●9～10月 ■北海道～九州 ■山地、亞高山帶

葉子呈心形。
花

山間樹木　秋

尺寸 Check

雄花

雌珠會長出紅色果實。

具柄冬青
雌雄異株。雌珠會在長柄前端開出一朵白色的花，會長出內含 4 顆種子的果實。■冬青科 ■常綠小喬木 ■3～7m ❋6～7月 ●10～11月 ■本州～九州 ■山地

尺寸 Check

羽扇槭
葉子長得如「天狗扇」形狀的楓屬植物近似物種。■無患子科 ■落葉小喬木 ■7～10m ❋4～5月 ●7～9月 ■北海道、本州 ■山地

🌿出現在雪山的怪物？

　　橫跨日本山形縣與宮城縣的藏王山與青森縣八甲田山等山區，冬季降雪時，會看到大量被稱作「樹冰」的大型冰塊。

　　樹冰的內在其實是大白時冷杉（→ P.175）。冰與雪大量堆積在這種樹木上，形成了大型的樹冰。然而，光是降雪並無法形成樹冰。還必須湊齊適度強風以及適度低溫等條件，才能形成樹冰。因此，即使在日本也只有在大量降雪的地區才能看到樹冰。

　　根據樹冰的形狀，也被稱作「ice monster（冰怪）」。

▲藏王山的樹冰。

蕈菇類～ 非植物也非動物

生長於樹木根部等處，有著奇妙形狀的蕈菇其實是一種「菌類」。菌類當中除了蕈菇之外，還有黴菌、地衣等種類。不會動的菌類，看起來很像植物，但其實不是植物也不是動物，是一種獨特的生物。

生長在松樹根部的松茸。蕈菇類會生長在其他植物附近，以便獲取養分、生長。

蕈菇類的結構體

菌類是由孢子所繁衍。菌類的結構體上並沒有如種子植物的葉、莖、根等器官，而是由孢子所長出的、稱作「菌絲」的絲狀結構製造而來。

我們肉眼所見的「蕈菇」是其用來製造孢子的部位，稱作「子實體」。依種類不同，有些孢子會生長在菌褶內側，以及稱作「孢子囊」的袋狀物內（→ P.192）。

菌蓋 ─
蕈菇的上半部，大幅張開的部位。

菌褶
位於菌蓋內側，製造孢子的部位。

菌環
蕈菇尚未成熟時，環繞在周圍的膜質痕跡。

菌托
蕈菇未成熟時，環繞在周圍的膜質痕跡。

菌柄
棒狀、用來支撐菌蓋的部位。

食
花柄橙紅鵝膏菌
紅色的菌蓋非常鮮豔，是相當醒目的蕈菇。■鵝膏菌科 ■10～20m（高度）☀夏季～秋季 ■闊葉林的地面 ■湯配料、烹煮

生長在樹幹上的蜜環菌。會群生出很多蕈菇。

蕈菇類的一生

　　花柄橙紅鵝膏菌等蕈菇類會在菌蓋內側的菌褶部位製造出孢子。

　　孢子可以乘著風移動至遠方，並且掉落地面，成長為菌絲體（一次菌絲體）。一次菌絲體有性別之分，與自己不同性別的菌絲連結後，會成為二次菌絲體。二次菌絲體會成長、成為一般所謂的蕈菇部位，也就是子實體。

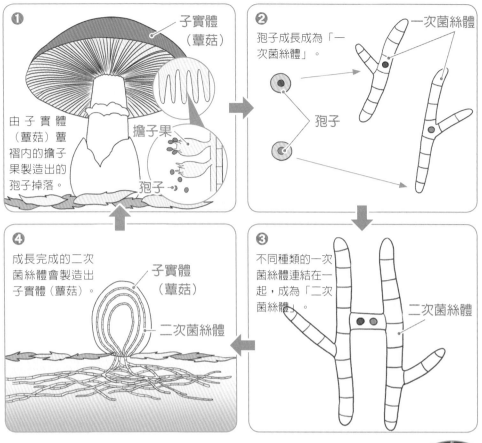

❶ 由子實體（蕈菇）蕈褶內的擔子果製造出的孢子掉落。

子實體（蕈菇）
擔子果
孢子

❷ 孢子成長成為「一次菌絲體」。

一次菌絲體
孢子

❸ 不同種類的一次菌絲體連結在一起，成為「二次菌絲體」。

二次菌絲體

❹ 成長完成的二次菌絲體會製造出子實體（蕈菇）。

子實體（蕈菇）
二次菌絲體

建立森林生態循環的菌類

　　以蕈菇為主的菌類，因為不會進行光合作用，所以無法自行製造養分。依養分的取得方式不同，可將菌類區分為「腐生菌類」與「共生菌類」等。腐生菌類會生長在落葉堆積的腐葉土或是已枯死的樹木等處，分解落葉及枯木，作為養分。共生菌類則會像生長於松樹根部的松茸般，生長在特定的樹木根部，互相交換所需的物質。

　　藉由菌類分解落葉等，可讓落葉得以回歸土壤，成為其他植物或動物的養分。因此菌類活動可以建立豐富的森林生態循環。

腐生菌類

生長在腐葉土以及枯死的樹幹等處。會分解落葉及枯木，成為自己的養分。

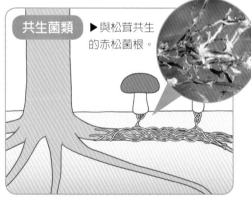

共生菌類

▶與松茸共生的赤松菌根。

生長在特定樹木的根部，樹根與菌絲連結，成為「菌根」。藉此獲得樹木進行光合作用後所產生的養分，另一方面菌絲則會分解落葉等，再將該養分回饋給樹木。

🌿從蕈菇身上獲取養分的植物

　　杜鵑花科的「球果假水晶蘭」不會進行光合作用，必須從共生菌類的紅菇身上獲取養分，才得以存活。這種植物稱作「腐生植物」。

　　除此之外，這類植物還有蘭科的「血紅肉果蘭」。

會綻放出白色透明花朵的「球果假水晶蘭」。

各種蕈菇

蕈菇類的根部有絲狀的菌絲，會從該部位吸收養分。雖然有很多可食用的蕈菇，但也有很多毒蕈，並不容易分辨，如果不調查清楚就隨意食用，恐怕會有生命危險。

毒蠅傘 毒
外觀看起來很可愛，但是有毒。誤食會出現幻覺、嘔吐等現象。■鵝膏菌科 ■10～24cm（高度）↑夏季～秋季 ■闊葉・針葉樹林地面

豹斑鵝膏 毒
菌蓋上有很多白色突起物（疣）的毒蕈。■鵝膏菌科 ■5～35cm（高度）↑夏季～秋季 ■闊葉樹林地面

栗茸 食
是會一顆顆地從樹木根部冒出的蕈菇。隨著植物體成熟，顏色也會逐漸加深。■球蓋菇科 ■5～10cm（高度）↑秋季 ■闊葉樹的樹幹 ■湯配料、烹煮

光滑環銹傘 食
特徵是覆蓋了一層黏滑的液體。人們經常會食用剛長出來的新鮮栽培品種。■球蓋菇科 ■3～5cm（高度）↑秋季 ■倒木 ■湯配料

蜜環菌 食
經常可見於雜木林的可食蕈菇。■膨瑚菌科 ■4～15cm（高度）↑春季～秋季 ■倒木 ■湯配料

金針菇 食
一般熟知的是白色細長、栽培用的改良品種。野生物種呈褐色、聚生在一起。■膨瑚菌科 ■2～9cm（高度）↑晚秋～春季 ■闊葉樹的枯木 ■湯配料、烹煮

香菇 食
經常栽種作為食用的蕈菇。■小菇科 ■4～10cm（菌蓋直徑）↑春季、秋季 ■殼斗科的樹幹 ■湯配料、燒烤、烹煮

松茸 食
帶有美好的香氣，因作為高級食用蕈菇，而廣為人知。■口蘑科 ■10～20cm（高度）↑秋季 ■松樹等的根部 ■燒烤

日本臍菇（月光蕈） 毒
夜晚時，菌褶部位會發出微光。有劇毒，會引發強烈的腸胃中毒症狀。◨ 小皮傘科 ◧ 10～25cm（菌蓋直徑）◕ 夏季～秋季 ◨ 闊葉樹的樹幹

冬蟲夏草～從昆蟲體內長出的蕈菇

右圖是從昆蟲（步行蟲近似物種）體內長出的蕈菇。有些蕈菇會將孢子送入昆蟲體內，把昆蟲的體液當作養分，使自己成長。明明冬季時還是昆蟲，但是到了夏季就會變身成為草本植物（蕈菇），所以被稱作「冬蟲夏草」。

▶ 從步行蟲體內長出的步行蟲蕈菇。成為「冬蟲夏草」後，被寄生的昆蟲就會死亡。

緊縮花褶傘 毒
有毒，誤食會影響神經系統、讓人不停發笑。◨ 糞鏽傘科 ◧ 1.5～6 cm（高度）◕ 春季～秋季 ◨ 牧草地

珊瑚菌 食
白色、細條狀的蕈菇。一觸碰就會斷裂。◨ 珊瑚菌科 ◧ 3～12cm（高度）◕ 夏季～秋季 ◨ 闊葉樹林地面 ◨ 涼拌菜

樹舌靈芝
會在樹幹上，長出很像一張張桌子的蕈菇。菌蓋部位會長出類似可可粉的物質。◨ 多孔菌科 ◧ 10～40cm（菌蓋直徑）◨ 闊葉樹的樹幹

長裙竹蓀（竹笙） 食
美麗、有網狀裝飾物的蕈菇。經常作為中式料理的食材。◨ 鬼筆科 ◧ 15～18cm（高度）◕ 初夏～秋季 ◨ 竹林 ◨ 湯配料

頭狀禿馬勃 食 ※ 未成熟時
全白、球狀的蕈菇。成熟後，周邊的皮會剝落、變成褐色。◨ 蘑菇科 ◧ 20～50cm（高度）◨ 竹林、公園等地面 ◨ 湯配料

黑木耳 食
褐色、半透明的蕈菇。吃起來很像水母的口感，故日本方面稱作「木クラゲ」。◨ 木耳科 ◧ 約 6cm（菌蓋直徑）◨ 闊葉樹枯木 ◨ 湯配料、烹煮、煎炒

籠頭菌
會變化成為籠子形
狀的蕈菇。■鬼筆
科 ■3～12cm（直
徑） ♦夏季～秋季
■樹林地面

火焰茸 毒
含有劇毒，誤食恐導致死亡。此外，光是觸碰也有危險，皮膚會出現
非常嚴重的斑疹。■肉座菌科 ■10～13cm（高度） ♦秋季 ■闊葉樹枯
木、地面

硬皮地星 食 ※未成熟時
成熟後，外側的皮會裂開成星形，讓孢子飛出。■
雙核菌科 ■約2cm（直徑） ♦夏季～秋季 ■闊葉樹林、
松樹林等傾斜地面 ■湯配料、烹煮

羊肚菌 食
沒有菌蓋，前端成網狀。■羊肚菌 ■5～
12cm（高度） ♦春季 ■路邊、草原 ■湯配
料、烹煮

泡質盤菌
沒有菌柄，呈盤碗狀擴
散。■盤菌科 ■1～
5cm（高度） ♦春季、
秋季 ■腐葉土上

網狀凹洞內側有可以放入孢子、
稱作「孢子囊」的袋狀物。

🌿會培育蕈菇的螞蟻

　　南美洲以及中美洲有一種稱作
「切葉蟻」的螞蟻。它們會利用尖
銳的下巴切割葉片、帶回蟻巢中。
再將葉子切得細碎、取得養分，並
且讓蕈菇在上面繁殖、培育蕈菇。

　　狹窄的巢穴內雖然無法長出蕈
菇（子實體），但是生長出來的菌
絲可以成為螞蟻的食物。也就是說，
「切葉蟻」會使用蕈菇從事「農業
行為」。

▲在切葉蟻巢穴中培育的蕈菇菌絲。

黴菌

黴菌與蕈菇同樣都屬於菌類。與蕈菇一樣都是由菌絲成長而來、以孢子繁殖。

生長在年糕上的綠黴。

綠黴

經常生長在麵包、水果、年糕等物質上的黴菌。會大量製造出青綠的孢子，並且不斷蓬勃生長。生長之處看起來綠綠的。

肉眼看不到的孢子飄散在空氣中，所以我們會以為黴菌好像是自然而然生長出來的。

🌿用來釀酒與製造麵包的黴菌

黴菌會產生一種被稱作「酵素」的物質（蛋白質），這種酵素可以分解或是合成物質，並且使物質的特徵發生變化。我們可以運用這種性質在食品或是藥物製造等方面，稱作「發酵」。

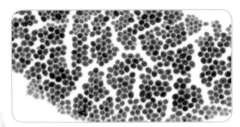

▲可使麵包膨脹的酵母菌。

地衣類

地衣類是菌類與藻類共生的產物。藻類會躲在由菌絲長成的身體中，進行光合作用、製造養分。

大裸緣梅衣

會生長在梅樹、松樹等樹幹上。以薄片狀擴散。

長枝松蘿

像線絲一般、長長地垂掛在樹枝上。

文字地衣

大量生長於樹幹上，看起來很像是有人寫字。

黏菌類（變形菌）

黏菌類（變形菌），雖然名稱中也有「菌」，但是卻是與蕈菇、黴菌不同的菌類。

子實體的狀態。

變形體為鮮豔的黃色。

煤絨菌

廣泛分布於全世界，可在腐木或是一般樹木上看到。

●變形菌類的一生

由孢子產生的阿米巴原蟲聚集在一起，成為「變形體」狀態時，就會像動物一樣運動。變形體在製造子實體時會停止運動，以便製造孢子。

會分化成孢子、孢子囊，以及用來支撐的菌柄等各個細胞，成為子實體。

變形體是以改變型態的方式移動，抵達合適的地點即會停止運動。

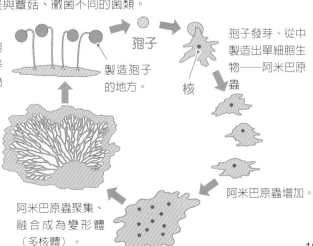

製造孢子的地方。

孢子

孢子發芽、從中製造出單細胞生物——阿米巴原蟲

核

阿米巴原蟲增加。

阿米巴原蟲聚集、融合成為變形體（多核體）。

沉水・挺水植物

沼澤、池塘等水中或是水面上生長著各式各樣的植物。有些植物僅有花與葉浮在水面，有些則是整個植物體沉在水中，生長方式各異。

浮葉植物

葉子浮在水面，根部生長在水底土裡。

印度莕菜

秋季，浮在水面的葉子根部會儲存養分、發芽，以便度過冬天。■睡菜科 ■多年生浮葉性植物 ✿7～9月 ■本州～九州 ■池塘、沼澤

莕菜

花

植株上可能會開出雌蕊比雄蕊長的花，或是雌蕊比雄蕊短的花。■睡菜科 ■浮葉多年生草本植物 ✿6～8月 ■本州～九州 ■池塘、沼澤

眼子菜

長柄、橢圓形的葉子會漂浮在水面上。■眼子菜科 ■多年生浮葉性植物 ✿6～10月 ■日本全國 ■池塘、沼澤、水田

水鱉

葉子背面有海綿狀的浮袋。■水鱉科 ■多年生浮葉性草本植物 ✿8～10月 ■本州～琉球群島 ■池塘、沼澤、水田

■科名 ■生長狀態 ✿開花期 ■分布地點或原產地 ■可見地點 ■食用方法 ◉外來物種 ◉可食植物 ◉有毒植物

▲蓴的新芽。

▲菱角的果實煮起來帶有類似栗子的味道。

菱角 食

果實會在水中成熟，帶有 2 個尖角。⬛千屈菜科 ■一年生浮葉性植物 ❀ 7 〜 10 月 ■北海道〜九州 ■池塘、沼澤 ■果實（鹽煮）

蓴 食

新芽被黏滑、果凍狀的物質所包覆，自古以來即是食用性植物。⬛蓴菜科 ■多年生浮葉性植物 ❀ 5 〜 8 月 ■日本全國 ■池塘、沼澤 ■新芽（涼拌菜、湯配料）

葉面皺褶會延伸、成長。

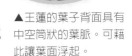

▲王蓮的葉子背面具有中空筒狀的葉脈。可藉此讓葉面浮起。

花

王蓮

有非常大片的圓葉浮在水面上，直徑通常會超過 2m。⬛睡蓮科 ■一年生浮葉性植物 ❀ 8 〜 9 月 ■本州〜九州 ■池塘、沼澤

會長出密集的尖刺。

▲有些葉面有皺褶，有些則沒有。

🌿 漂流在水上的花粉

　　陸生植物會藉由風或是昆蟲的力量，進行授粉。另一方面，水邊的植物則會利用水進行授粉。比方說，水王孫（→ P.196）開花後，雄花會脫離原本的植株，漂浮在水面上，尋找雌花。除此之外，還有可以在水中授粉，或是讓花粉沉到水底、與在水底附近開花的雌花進行授粉等方式。像這樣利用水進行授粉的方法稱作「水媒授粉」。

◀漂在水面上的水王孫雄花與花粉。

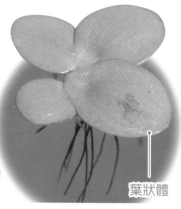

沉水・挺水植物

浮水植物

除了根部以外，整株植物都浮在水面生長。

浮萍

我們看到的葉面，其實是葉與莖連在一起的葉狀體。葉狀體的邊緣會再繁殖出新芽。■天南星科 ■多年生浮水性植物 ❀極少開花 ■日本全國 ■池塘、沼澤、水田

葉狀體

實際尺寸

🌿 全世界最小的植物

全世界最小的種子植物是浮萍的近似物種——「無根萍」。其葉狀體的直徑為 1mm。為歐洲原產物種，但是也可以在日本水田等處看到它們的蹤跡。雖然是很小型的植物，但是會開出很漂亮的花。花朵更小，尺寸為 1mm 的 10 分之一。

花

▲浮在水面上的無根萍。會開出全世界最小的花。

布袋蓮 外

膨脹得圓鼓鼓的葉柄，可以發揮類似泳圈的效果。■雨久花科 ■多年生浮水性植物 ❀8～10月 ■熱帶美洲原產 ■池塘、沼澤、水田

葉柄
連接葉與莖部的柄。

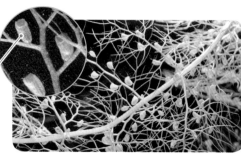

捕蟲囊

狸藻

食蟲植物，可以藉由葉子上的捕蟲囊，吞食水蚤等生物。■狸藻科 ■多年生浮水性植物 ❀7～9月 ■北海道～九州 ■池塘、沼澤、濕地

沉水植物

根部埋在水底，整株植物在水中成長。

金魚藻（松藻）

為了過冬，會在莖部前端儲存養分，形成冬芽。■金魚藻科 ■浮水～沉水植物 ❀5～8月 ■日本全國 ■河川、池塘、沼澤

水車前草

葉形很像車前草（→ P.53）。果實上有很多皺褶。■水鱉科 ■一年生沉水性植物 ❀8～10月 ■本州～九州 ■水田

花

水蘊草 外

莖部會著生 4～5 片葉子。日本僅有雄株存在。■水鱉科 ■多年生沉水性植物 ❀6～10月 ■熱帶美洲原產 ■河川、池塘、沼澤

水王孫

開花時，雄花會脫離柄、漂浮在水面上，藉由水流的力量搬運花粉。雌花也會在水面綻放。■水鱉科 ■多年生浮水性植物 ❀8～10月 ■日本全國 ■池塘、沼澤

■科名 ■生長狀態 ❀開花期 ■分布地點或原產地 ■可見地點 ■食用方法 ❀外來物種 ⦿可食植物 ⦿有毒植物

綠藻類～ 陸生植物的親戚

我們常見的植物是陸生植物。但是，這些植物的祖先在 5 億年前都是在水中生長。那些仍在水中生長的植物後代子孫，現在以綠藻類之姿出現在我們面前。

團藻
表面有細毛，邊運動會邊轉圈圈。生長在水田或沼澤等處。

綠藻類

擁有葉綠體，可以進行光合作用，被稱作是「陸生植物的親戚」，但是與陸生植物擁有截然不同的根、莖、花型態。只要舀取池塘、水田等處的水，再用顯微鏡觀察，即可發現它們的蹤跡。

盤星藻
由 32 個細胞互相勾接在一起，形成一個群體。

輪藻
由上往下看時，枝部很像車輪，故命名為「輪藻（日文名稱：車軸藻）」。

新月藻
單細胞生物，但是尺寸相對來說較大，有 0.5mm，用 10 倍左右的放大鏡即可觀察得到。會生長在水田或沼澤等處。

水綿
線狀的綠藻類植物。常見於淺水池、營養豐富的淡水處。

植物登陸

植物大約在 5 億年前登上陸地。這些植物的祖先近似於現在的綠藻類。登陸後，為了抵抗重力，植物們長出粗壯的莖部、可以從地底吸收水分的根部，以及可以進行光合作用的葉子等。這些登上陸地的植物讓地上的動物賴以維生，大幅改變了環境。

登陸前的植物 以綠藻類為主。結構通常很單純。

登陸

登陸後的植物 與水中植物比較起來，登陸後的植物變得較為複雜。

食蟲植物～會吞噬昆蟲的植物

植物中有個族群是「食蟲植物」。

它們會抓取昆蟲、將其消化後，吸取養分。

是為了從昆蟲身上取得僅靠光合作用不足的養分。而且，它們有形形色色抓取昆蟲的方法。

夾住！

捕蠅草是北美洲原產的多年生草本植物。

擁有稱作「捕蟲葉」的葉子，只要昆蟲一碰到植物體，葉子就會像貝殼一樣關閉，抓住昆蟲。

在消化、吸收完畢之前，捕蟲葉絕對不會打開。

●捕蠅草夾取昆蟲的方法

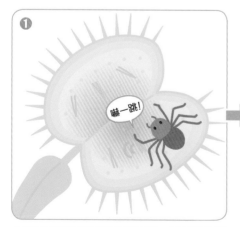

▲被花蜜味道吸引而來的昆蟲，碰到捕蟲葉的感覺毛第1次。這時，捕蟲葉還不會動作。

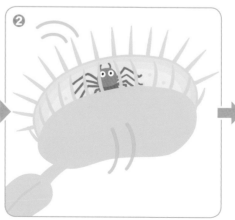

▲當昆蟲有所動作，第2次碰到感覺毛時，捕蟲葉就會關閉。這時多餘的刺激可以降低葉子關閉的機率。

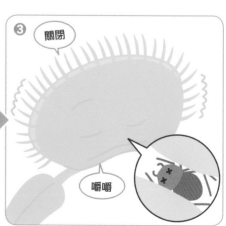

▲發出消化液，消化、吸收昆蟲的養分。關閉的力道會逐漸增強，以便榨取昆蟲的體液。

纏住！

圓葉茅膏菜的捕蟲葉長有很多帶著黏滑體液的「腺毛」。
昆蟲越想掙脫，就會被腺毛纏得越緊，最後整個被纏住。

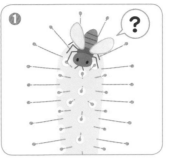

●圓葉茅膏菜纏住昆蟲的方法

▲受到味道與顏色吸引而來的昆蟲，只要停在捕蟲葉上就會被腺毛纏住。

▲其他腺毛也會往昆蟲身上捲曲，讓昆蟲動彈不得。

▲捕蟲葉整個包住昆蟲，並且分泌消化液，以便消化、吸收昆蟲。

掉入圈套！

●萊佛士豬籠草使昆蟲掉入圈套的方法

萊佛士豬籠草的葉子前端有個內含消化液的袋狀物——「捕蟲囊」。當受到味道吸引的昆蟲失足滑進袋子，就再也逃脫不了。溺死在消化液中的昆蟲會直接被消化、吸收。

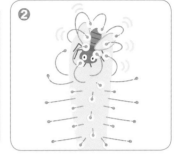

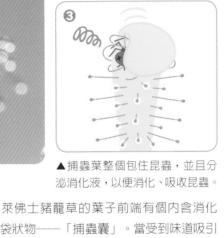

▶捕蟲囊的內側相當光滑，非常容易滑入。底部儲存著消化液，會讓掉落的昆蟲溺死。

海邊植物

海邊有強風、乾燥、鹽分高等問題，是不
利植物生長的環境。
然而，植物們自己會想出各種存活辦法。

花

鹵地菊

葉子的觸感很像刺刺的貓
舌頭。■菊科 ■多年生匍匐
性草本植物 ❀ 7～10月 ■
本州～琉球群島 ■海邊沙地

明日葉 食

嫩葉可食，所以被廣泛栽種作為食用
蔬菜。■繖形科 ■多年生草本植物 ■
50～120cm ❀ 8～10月 ■本州 ■岩場、
海邊沙地 ■葉（涼拌菜、天婦羅）

▲葉子長得很像
蜂斗菜。

大吳風草 食

為了適應海風，葉子表面角皮層厚實、
光滑。■菊科 ■多年生草本植物 ■ 30～
75cm ❀ 10～12月 ■本州～琉球群島 ■
岩場、公園 ■葉、莖（烹煮）

沙苦蕒菜

地下莖（地面下的莖）會延伸並
且擴大生長範圍。■菊科 ■多年
生草本植物 ■ 3～5cm ❀ 4～10
月 ■日本全國 ■海邊沙地

珊瑚菜 食

根部會延伸到地底。新芽可作為生魚片
等的裝飾。■繖形科 ■多年生草本植物
■ 5～30cm ❀ 6～7月 ■日本全國 ■海
邊沙地 ■葉（天婦羅、煎炒）

▲海邊的地面乾燥，
植物必須將根部伸入
土地深處、取得水分。

■科名 ■生長狀態 ■尺寸 ❀開花期 🍎結果期 ■分布地點或原產地 ■可見地點 ■食用方法 外外來物種 食可食植物 毒有毒植物

馬鞍藤

葉子形狀很像相撲裁判使用的「軍配團扇」。植物體的高度較低矮，可耐強風。◨旋花科 ◨多年生蔓性草本植物 ❀5～8月 ◨本州～琉球群島 ◨海邊沙地

濱旋花

和打碗花（旋花）（→P.52）很相似，但是葉圓、有光澤。◨旋花科 ◨多年生匍匐性草本植物 ❀5～6月 ◨日本全國 ◨海邊沙地

月見草 外

花朵只會在夜間綻放。已有園藝栽培品種，也有生長於海岸等處的野生物種。◨柳葉菜科 ◨二年生草本植物 ◨30～100cm ❀5～8月 ◨智利原產 ◨海邊沙地、河岸、荒野

濱萊服（濱蘿蔔）食

推測應是作為蔬菜食用的白蘿蔔野生物種。根部不會變粗。◨十字花科 ◨二年生草本植物 ◨30～70cm ❀4～6月 ◨日本全國 ◨海邊沙地、河岸 ◨果實（鹽煮）、根（醃漬）

根

海濱山黧豆 食

會長出很像四季豆的豆子。花朵為紫色，極少但也可能出現白花。◨豆科 ◨多年生匍匐性草本植物 ❀4～7月 ◨日本全國 ◨海邊沙地、河岸 ◨新芽（天婦羅、煎炒）、果實（煎炒）

著生星形的花。

花

番杏 食

自古即栽種作為食用蔬菜。果實可以藉由海流搬運至他處。◨番杏科 ◨多年生草本植物 ◨30～60cm ❀4～11月 ◨日本全國 ◨海邊沙地 ◨新芽（涼拌菜、煎炒）

葉子厚實。

麒麟草

亦有山地的野生物種。黃色花會在莖部前端開成輪狀，故又名「輪草」。◨景天科 ◨多年生草本植物 ◨20～50cm ❀5～8月 ◨北海道～九州 ◨懸崖、岩場、山地

日本石竹

葉子厚實、有光澤。從葉子上方往下看，看起來像個十字。◨石竹科 ◨多年生草本植物 ◨20～50cm ❀7～10月 ◨本州～琉球群島 ◨海岸草地

篩草

雌雄異株。據說古時會使用其在地面下的枯葉纖維，製作成筆。■莎草科 ■多年生草本植物 ■ 10 ～ 20cm ❀ 4 ～ 7 月 ■北海道～九州 ■海邊沙地

文殊蘭 毒

種子浮在水上，可以藉由海流搬運至他處。整株皆有毒。■石蒜科 ■多年生草本植物 ■ 40 ～ 80cm ❀ 7 ～ 9 月 ■本州～九州 ■海邊沙地

透百合

花瓣根部會變細，看起來很像花朵上有空隙。■百合科 ■多年生草本植物 ■ 30 ～ 80cm ❀ 6 ～ 8 月 ■本州 ■岩場、懸崖、庭園

烏岡櫟

耐修剪，可栽種作為籬笆。亦可製作成備長炭。■殼斗科 ■常綠灌木 ■ 3 ～ 10m ❀ 4 ～ 5 月 🍎 10 ～ 12 月 ■本州～琉球群島 ■海邊樹林、公園、行道樹

尺寸
Check

葉子小巧、堅硬。

蘇鐵 毒

可栽培作為庭園樹木的裸子植物。種子與樹幹上有毒。■蘇鐵科 ■常綠灌木 ■ 2 ～ 4m ❀ 6 ～ 8 月 🍎 9 ～ 11 月 ■九州、琉球群島 ■懸崖、庭園、公園

葉子前端圓滑，堅硬且有光澤。

葉子與樹枝上有毛。

海埔姜

莖部會在地面延長、擴散。整株帶有藥味。■唇形科 ■匍匐性落葉灌木 ❀ 7 ～ 9 月 🍎 9 ～ 11 月 ■本州～琉球群島 ■邊沙地、岩場

尺寸
Check

海桐

雌雄異株。花朵味道強烈，花色最初是白色，隨著時間會變成淺黃色。■海桐花科 ■常綠小喬木 ■ 2 ～ 8m ❀ 4 ～ 6 月 🍎 11 ～ 12 月 ■本州～琉球群島 ■岩場、公園、行道樹

尺寸
Check

黃槿

也會栽培作為觀賞用。■錦葵科 ■落葉灌木 ■ 1 ～ 2m ❀ 7 ～ 8 月 🍎 10 ～ 11 月 ■本州～九州 ■泥灘

果實

海邊植物

■科名 ■生長狀態 ■尺寸 ❀開花期 🍎結果期 ■分布地點或原產地 ■可見地點 🍴食用方法 🌀外來物種 🍎可食植物 毒有毒植物

木欖

紅樹林植物的一種，可在海水中生長。█紅樹科 █常綠喬木 █2～25m ✿5～6月 █九州、琉球群島 █泥灘、河口

▲同為紅樹林植物的「水筆仔」。

▲在水中漂浮的紅茄苳種子。

🌿 生長在海中的紅樹林植物

紅樹林是由生長在溫暖地帶的泥灘或是河口泥灘中的紅樹科植物等共同建立的樹林。為了讓滿潮時浸泡在海水裡的根部能夠呼吸，所以擁有根部朝上的「呼吸根」，以及為了在不穩定泥灘中得以支撐植物體的「支持根」等組織。這些植物當中，有些會藉由海流搬運種子。耐高鹽分的種子可以在海中漂流、到其他島嶼等處繁殖生長。

莖部有刺。

尺寸 Check

果實

野玫瑰（浜茄子）🍴

有 5 片花瓣，會綻放深粉紅色的花。█薔薇科 █落葉灌木 █1～1.5m ✿6～8月 🍒8～9月 █北海道、本州 █海邊沙地、公園 █果實（水果酒、果醬）

尺寸 Check

黑松

特徵是擁有黑色樹皮的裸子植物。此外，葉子前端堅硬，觸碰時會感到刺痛。█松科 █常綠喬木 █10～25m ✿5月 █本州～九州 █山地

🌿 海中植物（藻類）

海藻是生活在海中的植物。雖然會進行光合作用，但是沒有根、莖、葉、花等部位。不是利用種子，而是利用孢子繁殖。大型海藻可分為褐色的「褐藻」、綠色的「綠藻」、紅色的「紅藻」三大類。由於有助於光合作用的色素不同，所以顏色各異。

▲昆布（褐藻）

▲穴石蓴

▲天草（紅藻）

索引

【監修】
天野 誠（理学博士　千葉県立中央博物館　植物学研究科　主任上席研究員、環境省 希少野生動植物等保護推進員）

斎木 健一（博士〔理学〕　千葉県立中央博物館　教育普及課長）

【指導、協力】
原田 浩（理学博士　千葉県立中央博物館　植物学研究科　主任上席研究員〔地衣類担当〕）
吹春 俊光（農学博士　千葉県立中央博物館　環境教育研究科　主任上席研究員〔菌類担当〕）
古木 達郎（理学博士　千葉県立中央博物館　植物学研究科　主席研究員兼科長〔コケ担当〕）

【執筆】
岩槻 秀明（自然科学系ライター、千葉県立関宿城博物館　展示協力員、気象予報士）

【挿図】
あきんこ
10-15、134、147、197-199

小堀 文彦
5-9、12、24-26、28、30-31、38-45、50-52、57、60、66-71、76、80-83、86、88-89、91、93、97、99、101、103-104、106-107、110-111、113-114、119、121、130-137、144-151、154、156-157、159-166、168-170、173-175、177-178、180-184、186-187、189、193、202-203

川崎 悟司
前見返し

柳澤 秀紀
表紙、12-13、15、22-23、48-49、72-73、84-85、94-95、110-111、124-125、138-139、152-153

【本文設計】
天野 広和、市川 望美、原口 雅之（ダイアートプランニング）

【編集製作】
株式会社 童夢

【編集協力】
山内 ススム

【参考文献】
《山溪ハンディ図鑑1　野に咲く花》、《山溪ハンディ図鑑2　山に咲く花》、《山溪ハンディ図鑑3　樹に咲く花 離弁花1》、《山溪ハンディ図鑑4　樹に咲く花 離弁花2》、《山溪ハンディ図鑑5　樹に咲く花 合弁花・単子葉・裸子植物》、《山溪カラー名鑑　園芸植物》、《山溪カラー名鑑　日本の高山植物》（山と溪谷社）/《日本の帰化植物》（平凡社）/《日本帰化植物写真図鑑 -Plant invader600 種》（全国農村教育協会）/《植物分類表》（アボック社）/《日本維管束植物目録》（北隆館）/《自然界の危険600 種　有害生物図鑑　危険・有毒生物》、《フィールドベスト図鑑 Vol.16　日本の有毒植物》（学研）/《身近にある毒草100 種の見分け方》（金園社）/《カラー版ホーム園芸　食べられる山野草ー見分け方と採取の楽しみ》（主婦と生活社）/《よくわかる山菜大図鑑》（永岡書店）/《環境省ホームページ・外来生物法》
http://www.env.go.jp/nature/intro/index.html

【照片・特別協力】
アマナイメージズ
1、8、11-19、21、27、28-30、32-47、50、52-56、58-59、61-69、71、74、75-83、87-93、96、98-99、102-109、112-117、119-120、126-133、135-137、140-151、154-162、164-203、後ろ見返し

大作 晃一
表紙

亀田 龍吉
2、8、25-27、29、32-34、39、41-43、46-47、50-61、67-68、70-71、74-77、80、82-83、86-93、96-106、112-115、117-121、126-128、131-134、136、140-143、148、151、156-157、159-160、162-165、170-174、178-187、195-196

野津 貴章
39、54-55、87、90、96-98、100、102、106、117、119、126、131、142-143、147、150-151、154、161-164、176-177

福原 達人（理学博士　福岡教育大学理科教育講座　教授〔生物分野〕）
43、56、74、76、89、93、99-100、106、131、150、169、173、184、194

【照片協力】
安藤食品：195 ／伊藤順一：178 ／岩槻秀明：27、52、58-59、101-102、106、113、117、119、131、141、160、181、201 ／海野和男：107 ／NPO 法人　六甲山の自然を学ぼう会　恒吉　正伸：141 ／大野啓一（千葉県立中央博物館）：15 ／奇石博物館：44 ／コーベットフォトエイジェンシー：8、18、31、34 ／森田洋（北九州市立大学国際環境工学部 教授）：104 ／国立科学博物館：後ろ見返し、195、196 ／斎木健一（千葉県立中央博物館）：32、56-57、58、59、120 ／齋藤雅典（東北大学大学院農学研究科　教授）：97 ／佐藤岳彦：20-21 ／嶋中生里華：47 ／森林総合研究所研究報告 第 11 巻 3 号：189 ／東京環境工科専門学校：158 ／浜口千秋：127、135-136、143、171、187 ／ネイチャー・プロダクション：2、8、10-11、14-15、24、26、27、29、30-34、36-44、50、53-54、57、60-64、66-67、69-70、74-75、78、80-83、86-92、96、98-102、105、112、114-117、121、126、128-130、133、135-136、140-143、146-147、149-151、154-164、170、172-176、180-188、196 ／埴沙萠：60 ／みつる工芸：156 ／山本 純士：123 ／吉田恵一：92 ／読売新聞 / アフロ：30 ／Anezaki Kazuma/ ネイチャー・プロダクション：143、173 ／Animalsanimals/PPS 通信社：後ろ見返し ／Goto Masami/ ネイチャー・プロダクション：41 ／Hamaguchi Chiaki/ ネイチャー・プロダクション：127、135、143、171、187 ／Hany Ciabou/ ネイチャー・プロダクション：46、52、55、59、66、107、137、167、200 ／Hirano Takahisa/ ネイチャー・プロダクション：15、40、44、47、50、54、59、61、63、64、66、82、116、127、128、130、131、133、137、146、147、157、161、167、170、175、176、183、196 ／hizu：122 ／Ida Toshiaki/ ネイチャー・プロダクション：162 ／Igari Masashi/ ネイチャー・プロダクション：80、90、203 ／Iimura Shigeki/ ネイチャー・プロダクション：47、156 ／Imamori Mitsuhiko/ ネイチャー・プロダクション：19、71、192 ／Izawa Masana/ ネイチャー・プロダクション：144、145、190、191、192、193、197 ／JT 生命誌研究館　蘇智慧：149 ／Kameda Ryukichi/ ネイチャー・プロダクション：28、53、66、74、193 ／Kihara Hiroshi/ ネイチャー・プロダクション：137、149、174、175 ／Kitazoe Nobuo/ ネイチャー・プロダクション：50、89 ／Kosuda Susumu/ ネイチャー・プロダクション：79 ／Kubo Hidekazu/ ネイチャー・プロダクション：66 ／Kuribayashi Satoshi/ ネイチャー・プロダクション：17、21、182 ／Maeda Norio/ ネイチャー・プロダクション：129 ／Matsuka Kenjiro/ ネイチャー・プロダクション：28 ／matsuzawa yoji/ ネイチャー・プロダクション：116 ／Nagahata Yoshiyuki/ ネイチャー・プロダクション：130 ／Nakajima Takashi/ ネイチャー・プロダクション：13、66 ／Nakamura Tsuneo/ ネイチャー・プロダクション：203 ／Olena Kornyeyeva - Fotolia.com、promolink - Fotolia.com、smereka - Fotolia.com、higashi - Fotolia.com：122-123 ／Otsuka Takao/ ネイチャー・プロダクション：39 ／PIXTA：79、93、115-116、133、135、143、146、148-149、150、154-161、164-165、170-171、174-176、178-179、185、187、194、199 ／Saito Yoshiaki/ ネイチャー・プロダクション：107 ／Sakurai Atsushi/ ネイチャー・プロダクション：64、65、78、80、104、149、194、196、198 ／Shimizu Kiyoshi/ ネイチャー・プロダクション：196 ／Shinkai Takashi/ ネイチャー・プロダクション：28 ／Shutterstock, Lebendkulturen.de：197 ／Takahashi Tsutomu/ ネイチャー・プロダクション：58、64、65、66、76、79、113、129、131、140、148、154、155、157、158 ／Takeda Shinichi/ ネイチャー・プロダクション：195、196 ／Wakui Toshio/ ネイチャー・プロダクション：11、13、166、193、197 ／Yanagisawa Makiyoshi/ ネイチャー・プロダクション：127、142、176、177、190、191、192、193 ／Yasuda Mamoru/ ネイチャー・プロダクション：181 ／Yoshida Toshio/ ネイチャー・プロダクション：19 ／Yoshino Yusuke/ ネイチャー・プロダクション：203 ／Zennokyo/ ネイチャー・プロダクション：77

國家圖書館出版品預行編目（CIP）資料

植物百科圖鑑 / 天野誠, 斎木健一監修 ; 張萍譯 . -- 初
版 . -- 臺中市 : 晨星 , 2019.1
　　面 ；　公分 . -- （自然百科 ; 1）
譯自 : 講談社の動く図鑑 MOVE 植物
ISBN 978-986-443-537-1（精裝）

1. 植物圖鑑 2. 通俗作品

375.2　　　　　　　　　　　　　　　　107018729

詳填晨星線上回函
50 元購書優惠券立即送
（限晨星網路書店使用）

植物百科圖鑑
講談社の動く図鑑 MOVE　植物

監修	天野誠、斎木健一
翻譯	張萍
主編	徐惠雅
執行主編	許裕苗
版面編排	許裕偉
創辦人	陳銘民
發行所	晨星出版有限公司 台中市 407 工業區三十路 1 號 TEL：04-23595820　FAX：04-23550581 E-mail：service@morningstar.com.tw http：//www.morningstar.com.tw 行政院新聞局局版台業字第 2500 號
法律顧問	陳思成律師
初版	西元 2019 年 1 月 6 日 西元 2023 年 1 月 6 日（二刷）
讀者服務專線	TEL：02-23672044 / 04-23595819#212 FAX：02-23635741 / 04-23595493 E-mail：service@morningstar.com.tw
網路書店	http：//www.morningstar.com.tw
郵政劃撥	15060393（知己圖書股份有限公司）
印刷	上好印刷股份有限公司

定價 **999** 元
ISBN 978-986-443-537-1（精裝）

© KODANSHA 2012 Printed in Japan
All rights reserved.
Original Japanese edition published by KODANSHA LTD.
Traditional Chinese publishing rights arranged with KODANSHA LTD.
through Future View Technology Ltd.
本書由日本講談社正式授權，版權所有，未經日本講談社書面同意，不
得以任何方式作全面或局部翻印、仿製或轉載。

海椰子

原產地位於印度洋的塞席爾群島。種子約需等待 7 年才能成熟。

世界上最大的種子！
種子長度 **約30cm**
重量 **約10kg**

大王花

東南亞原產。會長出肥厚且大型的花朵。會發出腐敗的氣味吸引蒼蠅。 ▶ P.19

世界上最大的花
花朵直徑達 **1m** 以上

界上最大 &

小至比水蚤還小的浮萍
大至比藍鯨還大的樹木
讓我們來欣賞這些榮獲世界冠軍殊榮的植物吧！

世界上最大的花序（小花聚生）！
花朵高度 **約2.4m**

巨花魔芋

印尼原產。看起來像是大型花瓣，但其實是由葉子變態而來的佛焰苞。

無根萍

歐洲原產的水生植物。沒有莖也沒有根，僅有像葉子一樣的東西漂浮在水面。 ▶ P.196

世界上最小的花！
花朵尺寸 **約0.1mm**